U0157598

无障碍卫生间
设计要点图示图例解析

郑康　李嘉锋　主编

中国建筑工业出版社
CHINA ARCHITECTURE & BUILDING PRESS

图书在版编目（CIP）数据

无障碍卫生间设计要点图示图例解析 / 郑康，李嘉锋主编．—北京：中国建筑工业出版社，2019.9
ISBN 978-7-112-23987-0

Ⅰ.①无…　Ⅱ.①郑…②李…　Ⅲ.①残疾人住宅—卫生间—建筑设计　Ⅳ.①TU241.93

中国版本图书馆CIP数据核字（2019）第149245号

当今社会无障碍环境建设的重要性日渐凸显，在无障碍环境建设中，无障碍专项设计尤为重要。无障碍专项设计涵盖内容较广，重点元素较多，无障碍卫生间是其中最重要的一个元素之一，它的设置是否能满足使用需要，将直接影响到有需要的人群参与社会生活的可能性。本书在对无障碍卫生间进行深入研究后，将其设计原理和设计要点归纳总结，并以图示图例的形式进行表达，可供广大建筑师以及无障碍环境建设的参与者学习和参考。

责任编辑：张伯熙　曹丹丹
责任校对：赵　菲

无障碍卫生间设计要点图示图例解析
郑康　李嘉锋　主编
*
中国建筑工业出版社出版、发行（北京海淀三里河路9号）
各地新华书店、建筑书店经销
北京点击世代文化传媒有限公司制版
临西县阅读时光印刷有限公司印刷
*
开本：787毫米×1092毫米　横　1/16　印张：4½　字数：152千字
2021年1月第一版　2021年1月第一次印刷
定价：50.00元
ISBN 978-7-112-23987-0
（34288）

本书编写委员会

创意策划：吕世明

主　　编：郑　康　李嘉锋

指导专家：徐全胜　焦　舰　吕小泉　张东旺

参　　编：吕志强　焦博洋

主编单位：北京市建筑设计研究院有限公司
　　　　　无障碍通用设计研究中心

指导单位：中国残联无障碍环境建设推进办公室

前言

PREFACE

为不断满足人民日益增长的美好生活需要，特别是面对老龄化社会的迫切需要以及社会基本公共服务的需求，以习近平新时代中国特色社会主义思想为指引，“人民至上”“生命至上”的发展理念日益加深，全社会对无障碍环境建设的关注度越来越高。人们已经充分意识到无障碍环境不只是服务于残疾人、老龄人等，而是服务于全社会。美好的无障碍社会环境可以为每一个人提供安全保障、切实便捷、舒适自如的生活环境。因此，全社会对无障碍环境建设的要求和质量越来越高，投入无障碍环境建设的氛围日益浓厚，无障碍环境建设的普及、提升态势方兴未艾。

无障碍环境建设必须依法、依规、依章，无障碍规划布局先行，无障碍设计源头置入尤为重要。由于现阶段的无障碍通用设计系统尚未完全形成，仍然缺乏整体性、标准化、高质量的无障碍通用设计。无障碍精品示范通用设计在表达方式、功能体现、精准精细乃至艺术创新等方面仍然需要加大力度提升、优化和完善，以防止由于无障碍设计的不足，施工、安装不到位而导致使用过程中的缺憾。因此，提高无障碍环境建设的质量和品质，首先要提高无障碍通用与专项设计的专业水准和优化层级。

在我国无障碍设计体系中，无障碍领域的设计理论转化为实践性的案例教学模式和体系尚属空白，设计师对无障碍设计的概念比较模糊，缺乏理性与感性的深度默契与嫁接。而无障碍通用设计是一项专业技术性很强、需精雕细刻的学科，如果让每一位参与无障碍环境设计的设计师，在短时间内花费大量时间去研究和体验无障碍设计的要点要素是比较难做到、难做好的事情。所以本书针对无障碍通用设计的特点、无障碍需求者的实际、无障碍设计师的愿望，采用文字转化图形、图示解析的有效方法，将“无障碍卫生间”专项设计中的每一个点线面闭环相连，以设计要点图示、图例、图解、图析、的方式展示给应用者，可以一目了然、通俗易懂、直观可用，在短时间内即可了解、参用无障碍卫生间中每个设施的无障碍使用原理和无障碍设计要点，达到标准规范、举一反三、事半功倍之效。

本书希望以此作为尝试和基础，以助力提高无障碍整体设计行业的设计水平与建设品质，追求无障碍设计的精准、精致、精美之目标，将来还会对一系列与无障碍相关的设计要点、要素进行深度探索和提炼，从而形成系列。诚望各界人士建言献策，以期提升改善、优化完善。

目录
CONTENTS

第 1 章 无障碍卫生间 全景图

本章按照国际先进水平对无障碍卫生间内部的各类设施进行了展示，在总览卫生间全貌的同时对卫生间内部设施有初步了解。

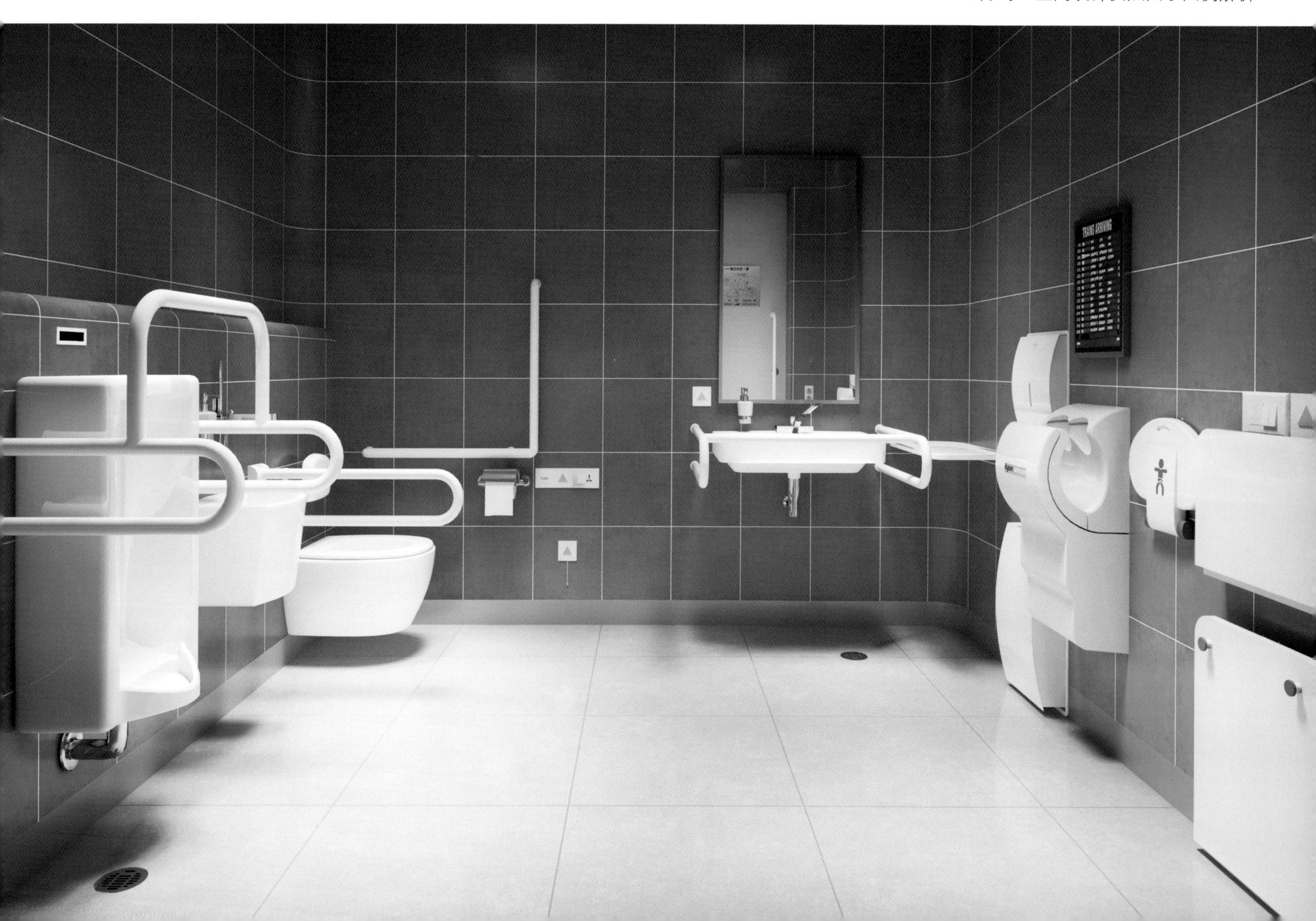
TRAINS ARRIVING

SHOW一层消防疏散图
火警电话:119
报警电话:110
开
关

TRAINS ARRIVING
M-SHOW一层消防疏散图

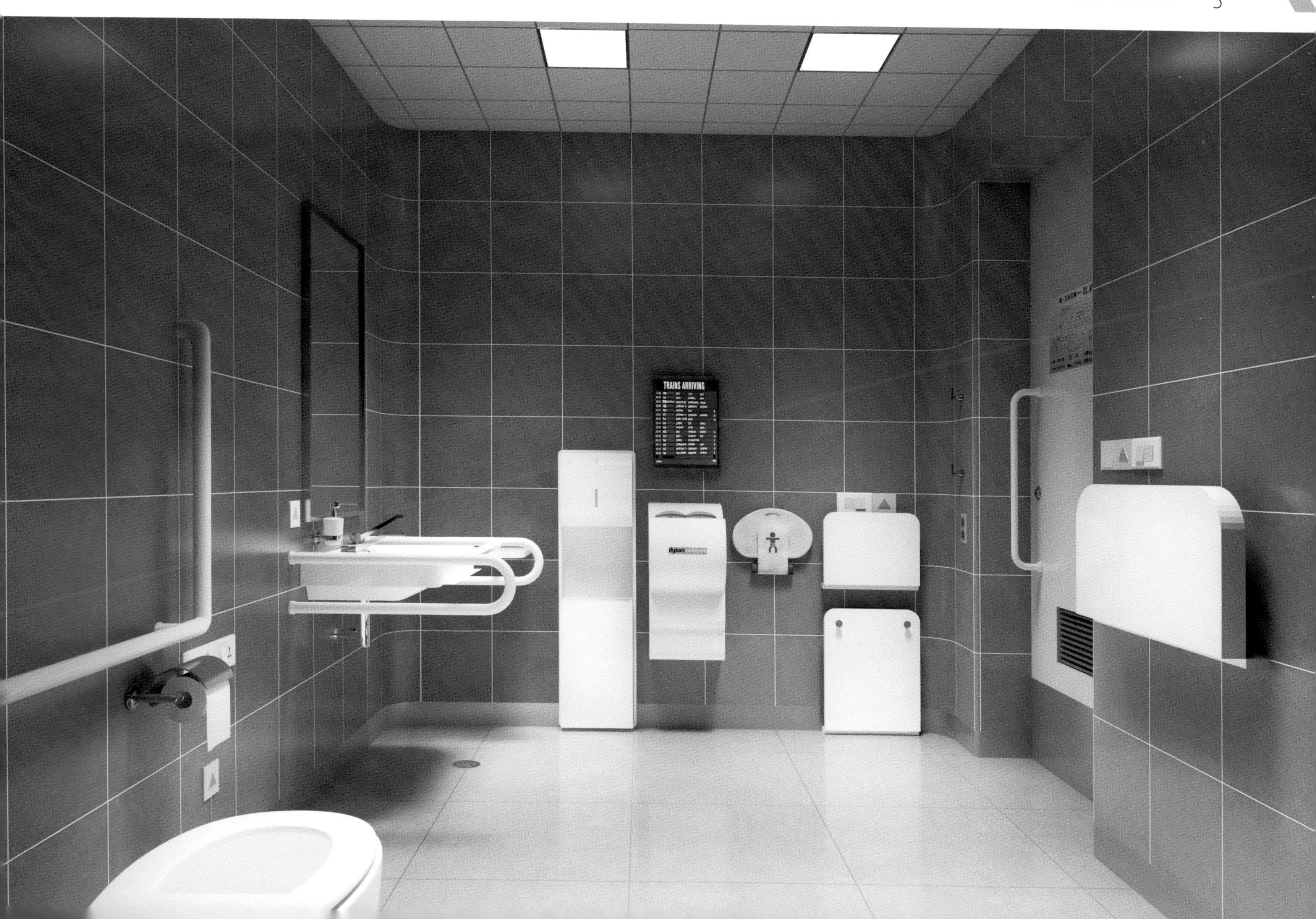
TRAINS ARRIVING
dyson

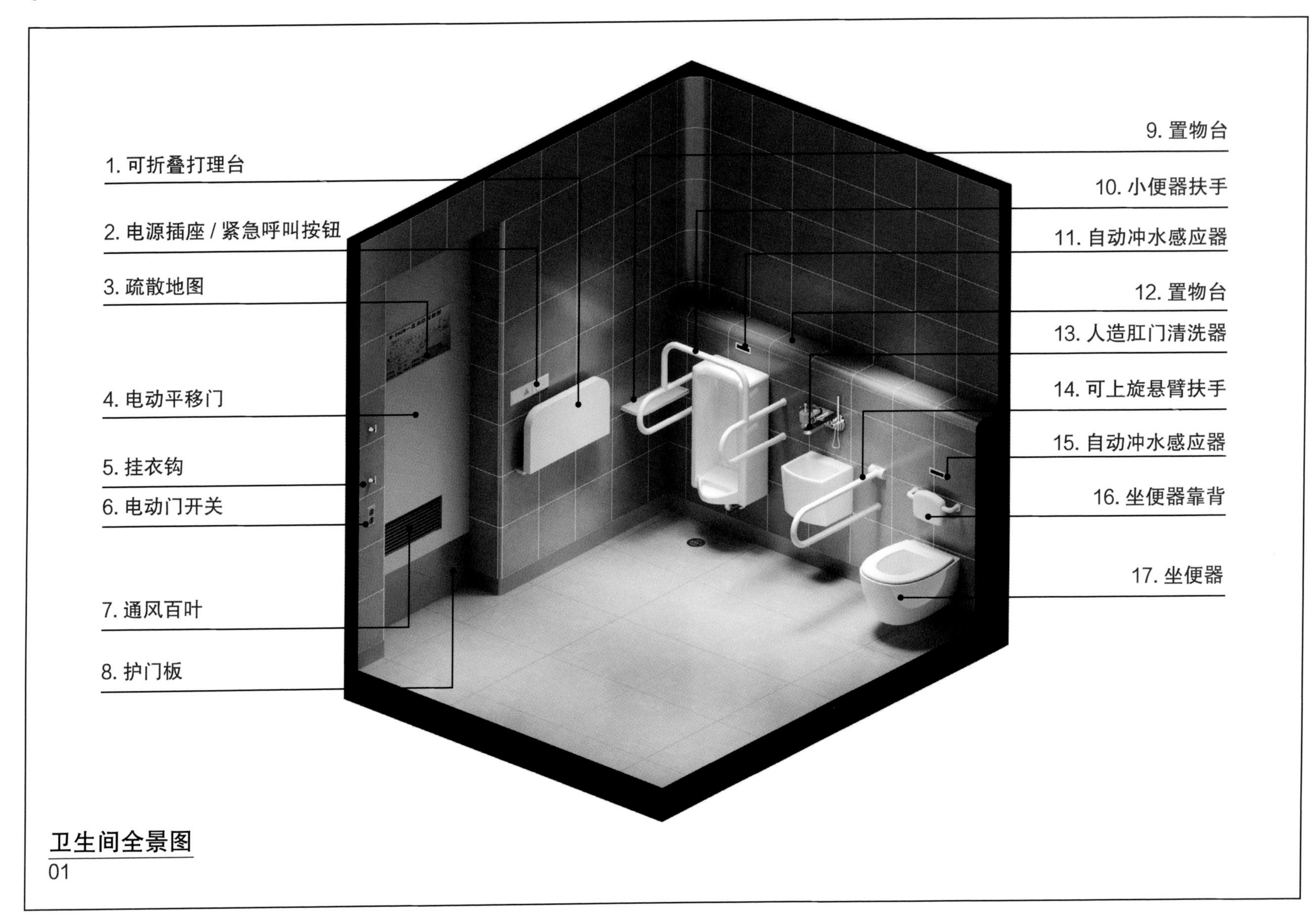
1. 可折叠打理台
2. 电源插座 / 紧急呼叫按钮
3. 疏散地图
4. 电动平移门
5. 挂衣钩
6. 电动门开关
7. 通风百叶
8. 护门板
9. 置物台
10. 小便器扶手
11. 自动冲水感应器
12. 置物台
13. 人造肛门清洗器
14. 可上旋悬臂扶手
15. 自动冲水感应器
16. 坐便器靠背
17. 坐便器

卫生间全景图
01

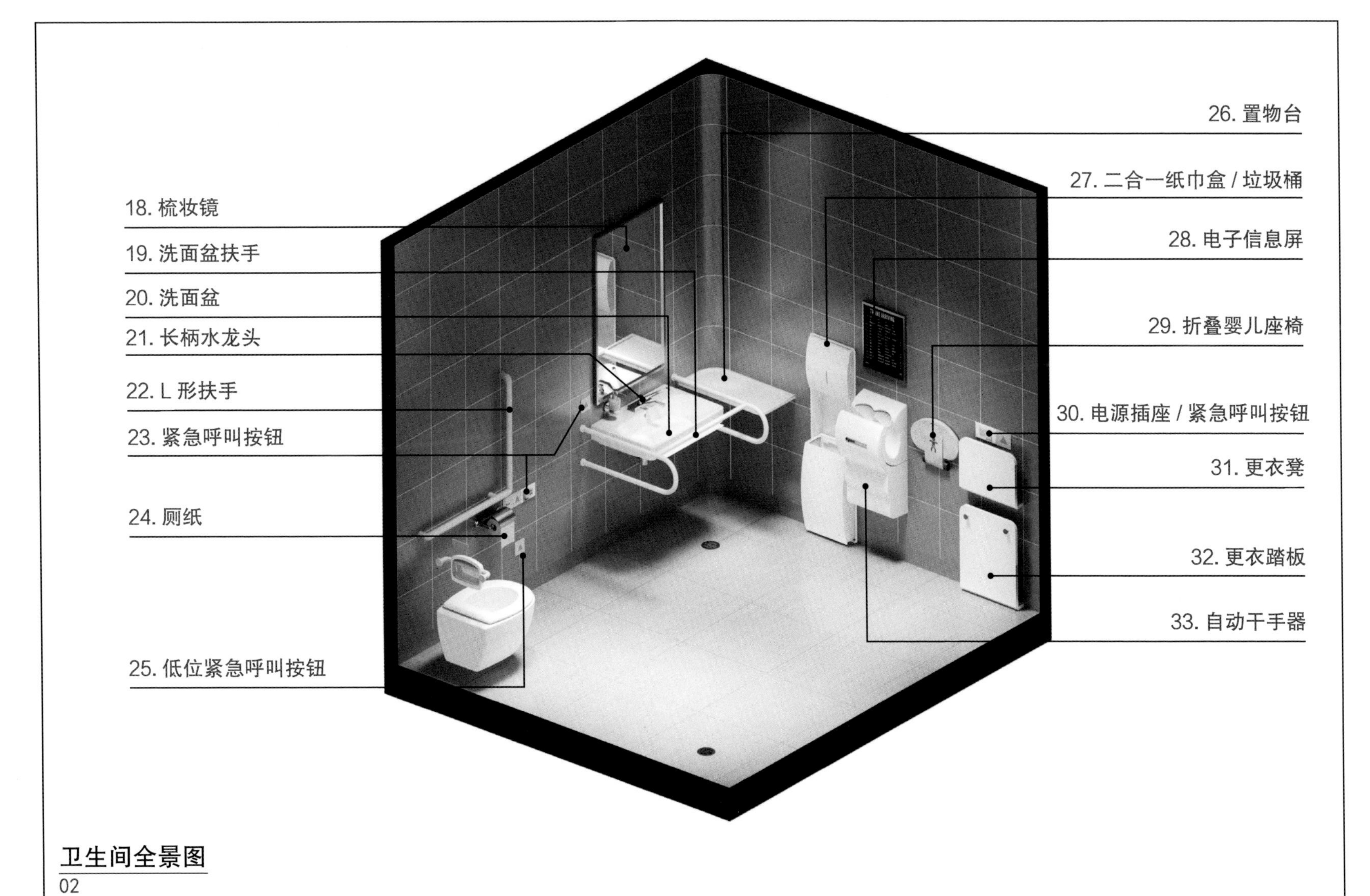
18. 梳妆镜
19. 洗面盆扶手
20. 洗面盆
21. 长柄水龙头
22. L 形扶手
23. 紧急呼叫按钮
24. 厕纸
25. 低位紧急呼叫按钮
26. 置物台
27. 二合一纸巾盒 / 垃圾桶
28. 电子信息屏
29. 折叠婴儿座椅
30. 电源插座 / 紧急呼叫按钮
31. 更衣凳
32. 更衣踏板
33. 自动干手器

卫生间全景图

02

第 2 章
无障碍卫生间
内部设施详解

本章按照使用功能将无障碍卫生间分成了各个独立区域，并直观地展示了卫生间内无障碍设施的使用原理和设计要点。

梳妆镜

• 适当降低镜下边的安装高度，方便儿童和轮椅使用者等从低位视角使用。

水龙头

• 水龙头宜采用感应自动出水的方式，如采用手柄开关宜选用大手柄杠杆式水龙头。

紧急呼叫按钮

• 在洗面盆附近设紧急呼叫按钮。

洗面盆

• 洗面盆下方应保证轮椅使用者的容膝空间。

洗面盆扶手

• 横杆扶手应略高于洗面盆边缘，坐姿洗手时前胸可靠在上面保持身体平衡。

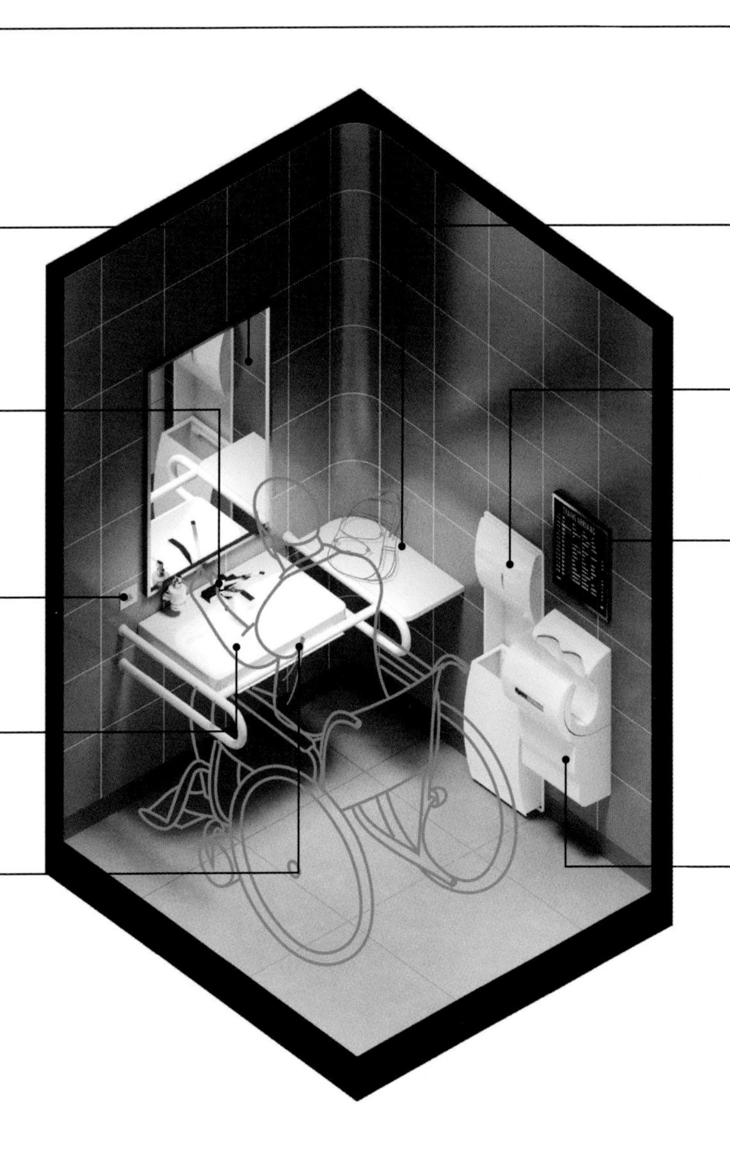

置物台

• 方便使用者在使用洗面盆时放置随身物品。

二合一纸巾盒 / 垃圾桶

• 应在洗面盆一侧就近安装纸巾盒及垃圾桶，方便使用。

电子信息屏

• 应在明显位置设置电子信息屏，并配有语音系统（例如在客运站显示列车信息，同时有语音提示）。

自动干手器

• 宜采用向下插入式干手器，对轮椅使用者更加友好。

2.1 洗面盆区域

轴测图

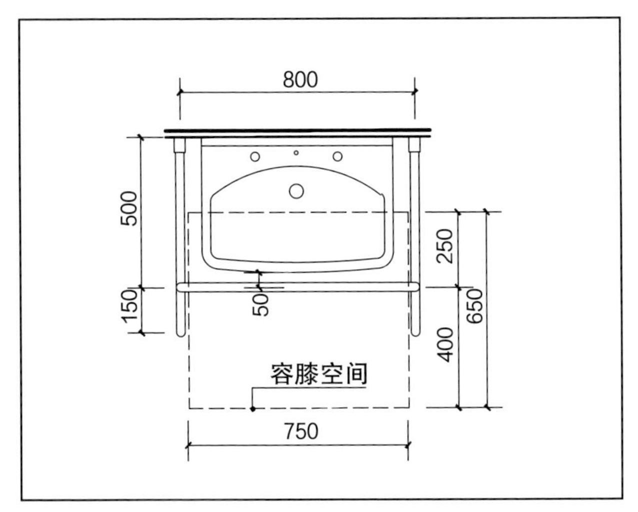
800
500
150
50
250
400
650
容膝空间
750

洗面盆区域平面图

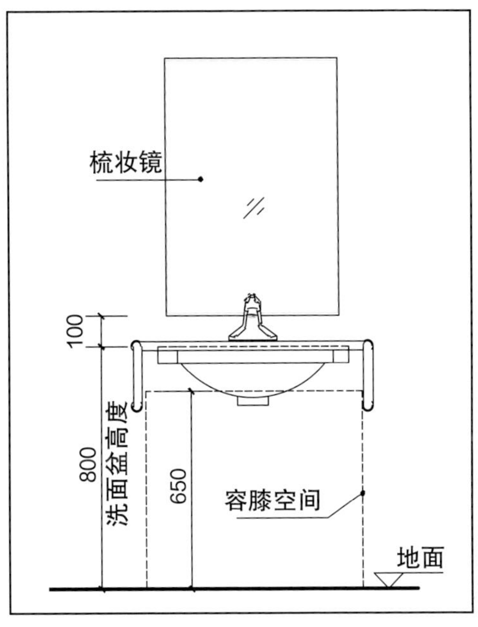
梳妆镜
100
800
洗面盆高度
650
容膝空间
地面

洗面盆区域正立面图

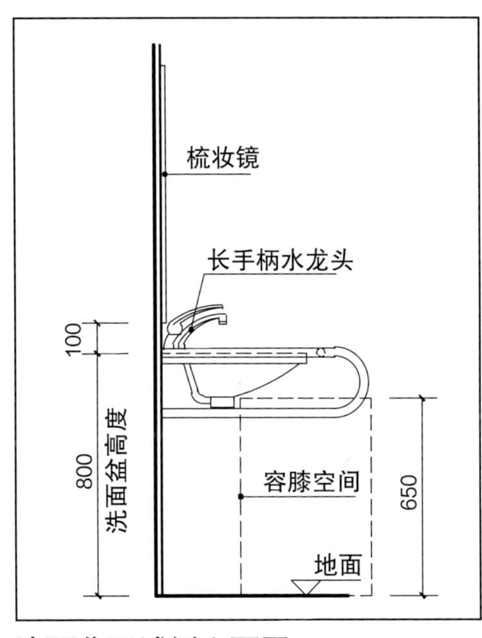
梳妆镜
长手柄水龙头
100
800
洗面盆高度
容膝空间
650
地面

洗面盆区域侧立面图

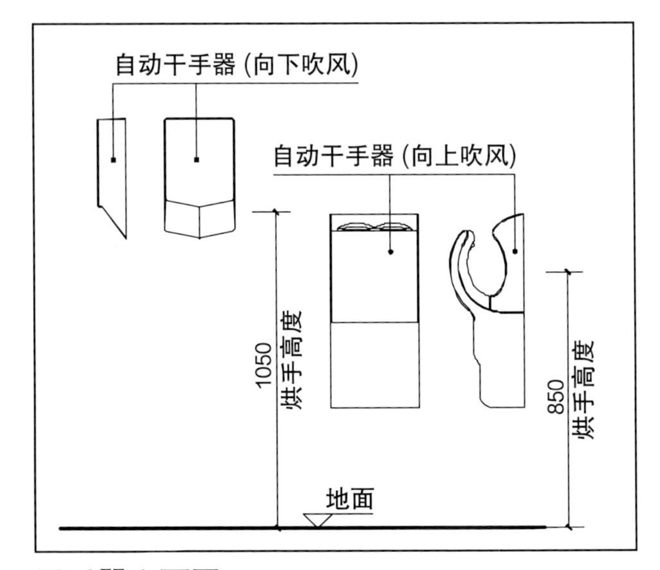
自动干手器 (向下吹风)
自动干手器 (向上吹风)
1050
烘手高度
850
烘手高度
地面

干手器立面图

备注:

1. 图纸比例为 1 : 25;
2. 图中所示抓杆直径为 30mm;
3. 本书图中所标注的尺寸单位为 mm。

坐便器靠背

• 在马桶后方安装靠背，防止使用马桶时碰到墙壁，减少背部支撑负担。

自动冲水感应器

• 坐便器宜采用自动感应冲水，同时设置手动冲水开关。手动冲水开关应避免设置在坐便器后方，不方便使用。

可上旋悬臂扶手

• 悬臂扶手采用限位折叠型。当使用者从轮椅向马桶移动时，扶手可向上折叠，方便移动。

壁挂式坐便器

• 宜采用壁挂式坐便器，将坐便器后方的水箱部分进行隐藏处理，方便清洁。

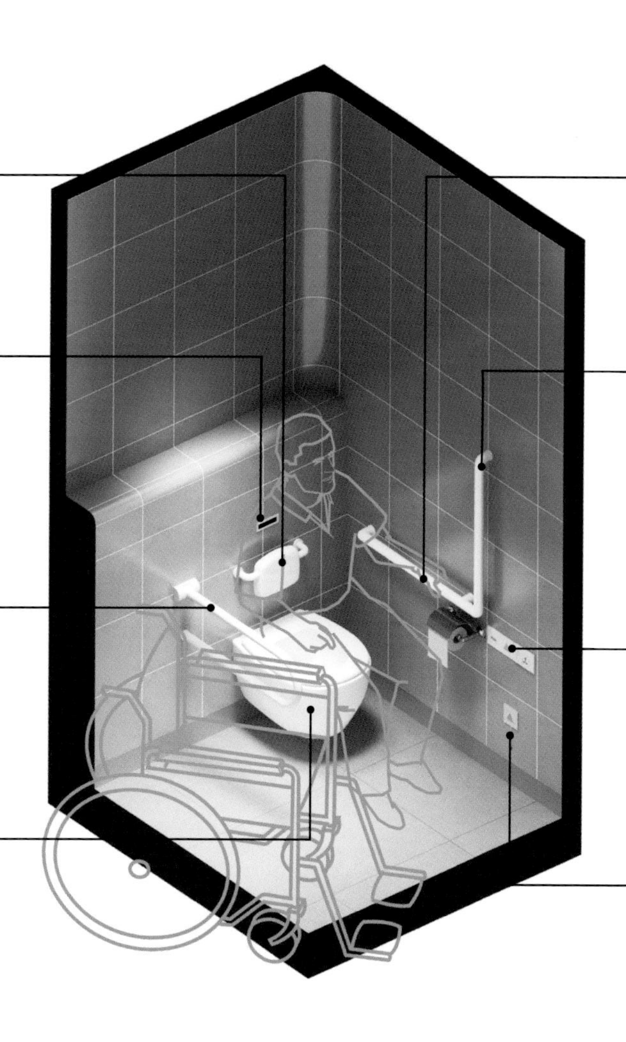

L 形扶手（水平杆件）

• 坐便器靠墙一侧 L 形扶手水平段起到支撑的作用，帮助使用者达到起身站立的目的。

L 形扶手（竖直杆件）

• 起到起身时拉拽借力的作用。

紧急呼叫按钮 / 手动冲水开关

• 靠墙一侧设置紧急呼叫按钮、手动冲水开关，也可增设电源插座。

低位紧急呼叫按钮

• 若使用者在卫生间内跌倒并无法站立，可使用低位紧急呼叫按钮寻求帮助。

2.2 坐便器区域

轴测图

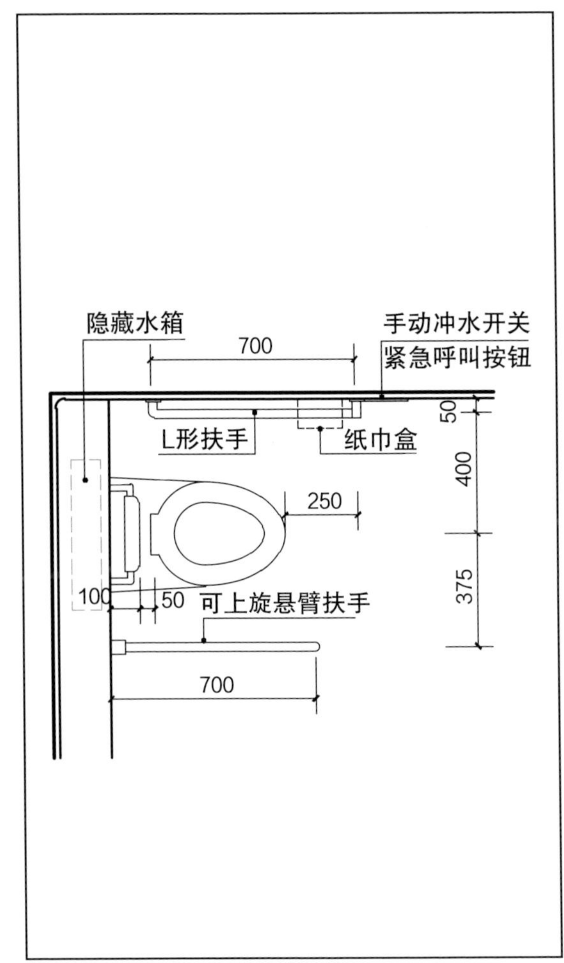
隐藏水箱
700
手动冲水开关
紧急呼叫按钮
50
L形扶手
纸巾盒
400
250
375
100
50
可上旋悬臂扶手
700

坐便器区域平面图

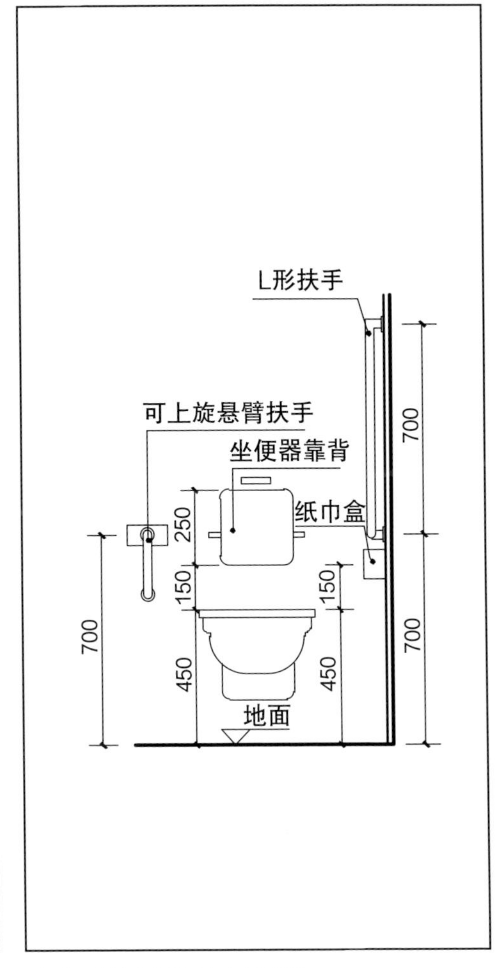
L形扶手
可上旋悬臂扶手
坐便器靠背
700
250
纸巾盒
150
150
700
700
450
450
地面

坐便器区域正立面图

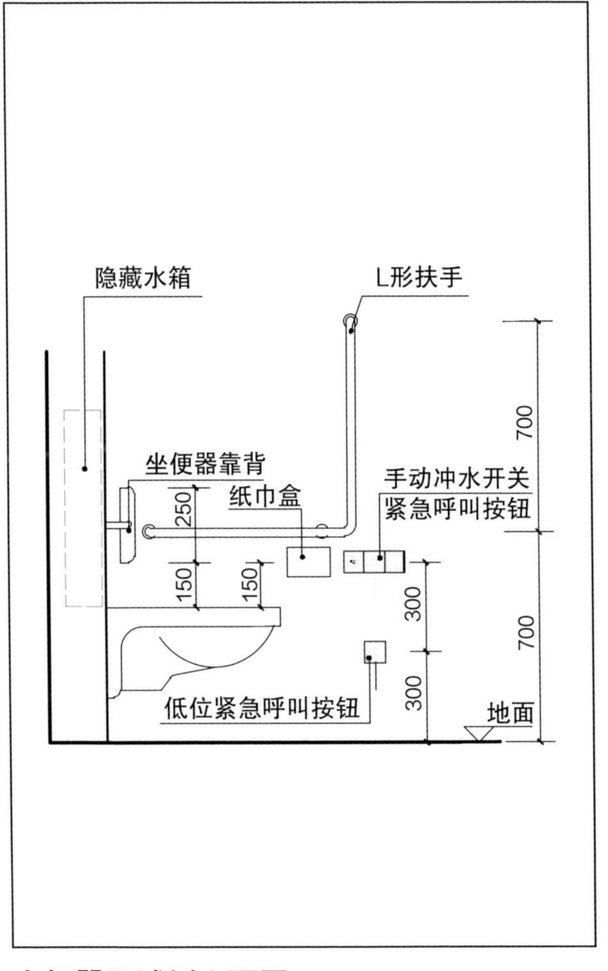
隐藏水箱
L形扶手
700
坐便器靠背
纸巾盒
手动冲水开关
紧急呼叫按钮
250
150
150
300
700
300
低位紧急呼叫按钮
地面

坐便器区域侧立面图

备注：
1. 图纸比例为 1∶25；
2. 图中所示抓杆直径为 30mm。

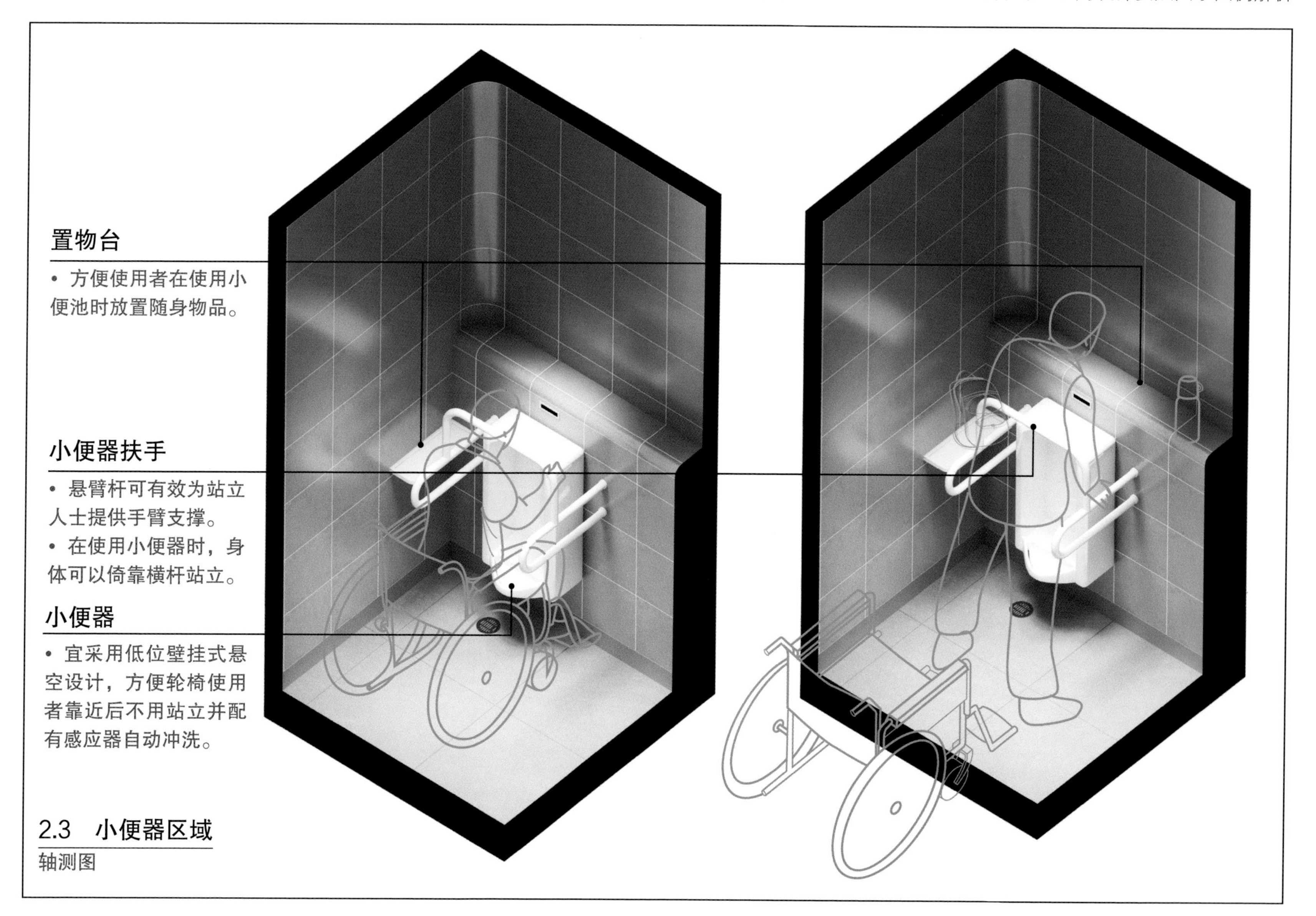
置物台
• 方便使用者在使用小便池时放置随身物品。
小便器扶手
• 悬臂杆可有效为站立人士提供手臂支撑。
• 在使用小便器时，身体可以倚靠横杆站立。
小便器
• 宜采用低位壁挂式悬空设计，方便轮椅使用者靠近后不用站立并配有感应器自动冲洗。

2.3　小便器区域

轴测图

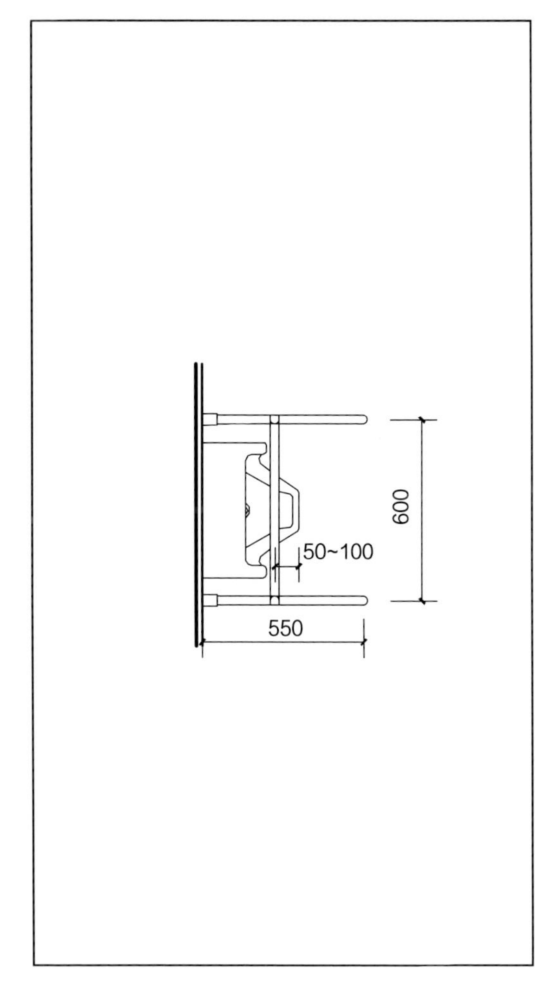

50~100
600
550

小便器平面图

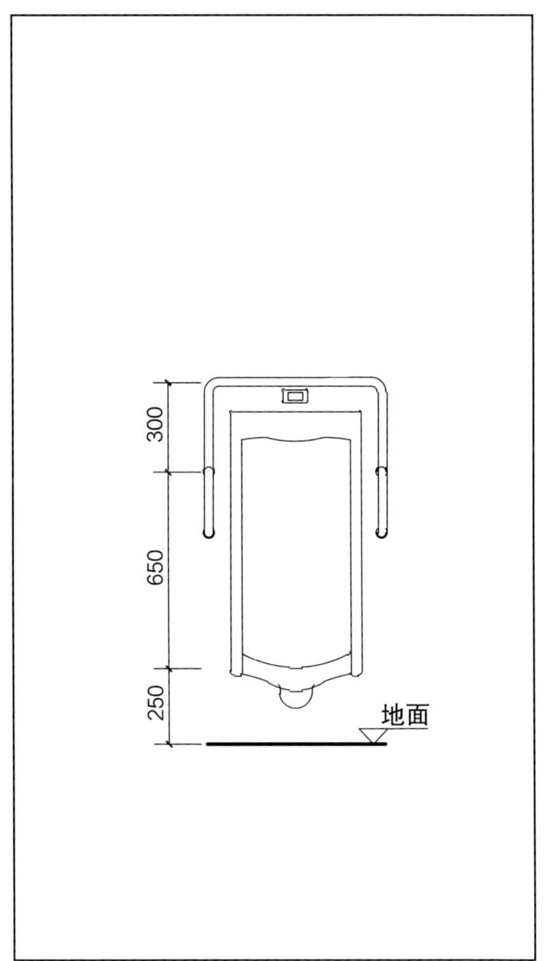

300
650
250
地面

小便器正立面图

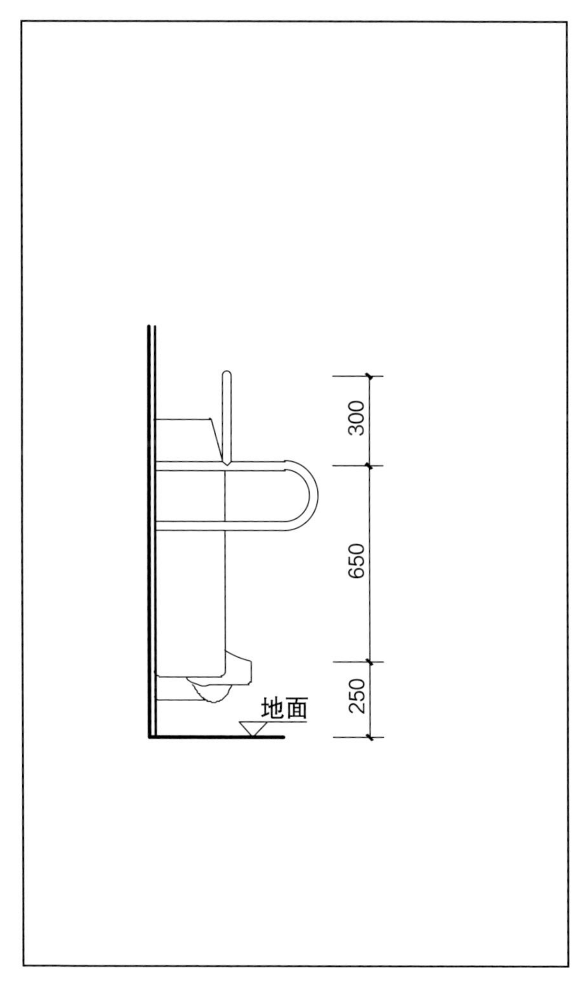

300
650
250
地面

小便器侧立面图

备注：

1. 图纸比例为 1 : 25；
2. 图中所示抓杆直径为 30mm。

挂衣钩

- 设置高低位挂衣钩，方便使用。

更衣凳

- 设置可折叠座椅，方便使用者休息或者更衣时使用。

婴儿座椅

- 宜采用带安全带的可折叠婴儿座椅，其应用年龄跨度比较大。

更衣踏板

- 设置可折叠更衣踏板，当更衣踏板平放时，可以提供一个干净的站立台面，不仅可以用于更换衣物，也可用于放置行李等物品。

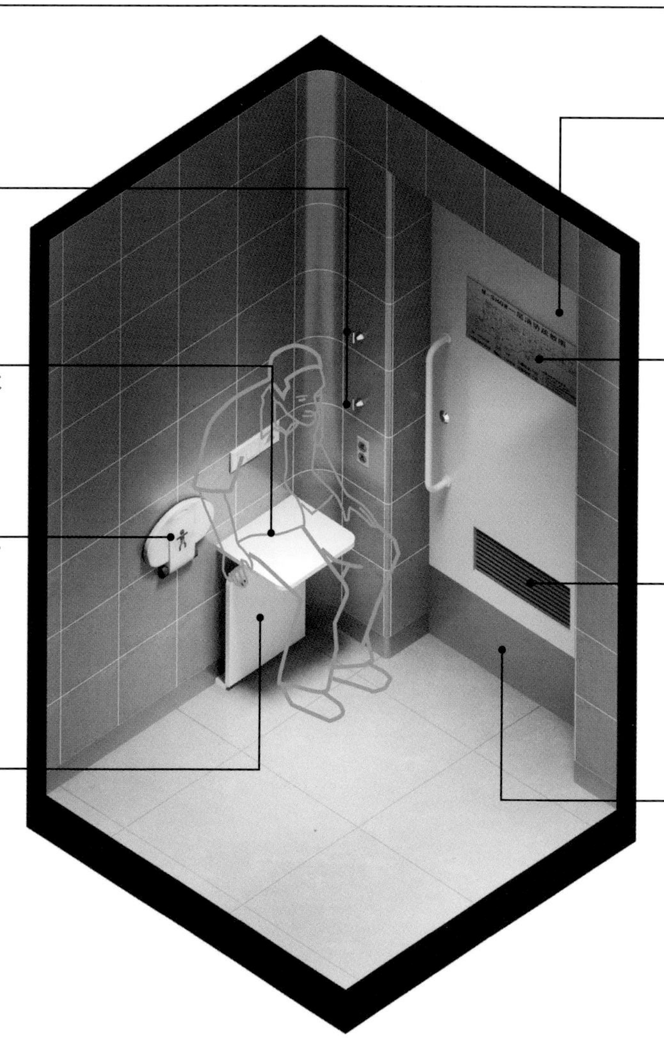

门

- 无障碍卫生间宜优先选用电动平移门，也可选择手动推拉门或平开门。
- 当采用平开门时，门扇宜向外开启。

疏散地图

- 供紧急时刻疏散使用。

通风百叶

- 百叶方向应该是由外向内呈 45°。当使用者在卫生间内跌倒时，外部人员可以通过百叶窗进行观察。

护门板

- 当使用者与门发生碰撞时，起到保护作用。

2.4 其他区域

轴测图

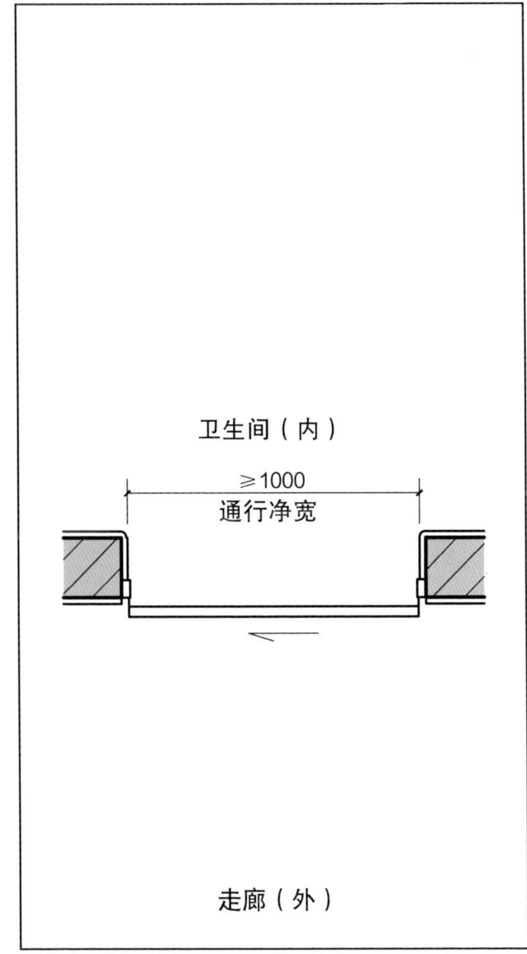
卫生间（内）
≥1000
通行净宽
走廊（外）

电动平移门平面图

门拉手
门开关
(仅电动门)
700
225
550
225
200
50
350
950
地面
通风百叶
护门板

电动平移门（外部）立面图

疏散地图
门开关
(仅电动门)
门锁
700
225
550
225
200
50
350
950
地面
通风百叶
护门板

电动平移门（内部）立面图

备注：

1. 图纸比例为 1 : 25；
2. 图中所示抓杆直径为 30mm。

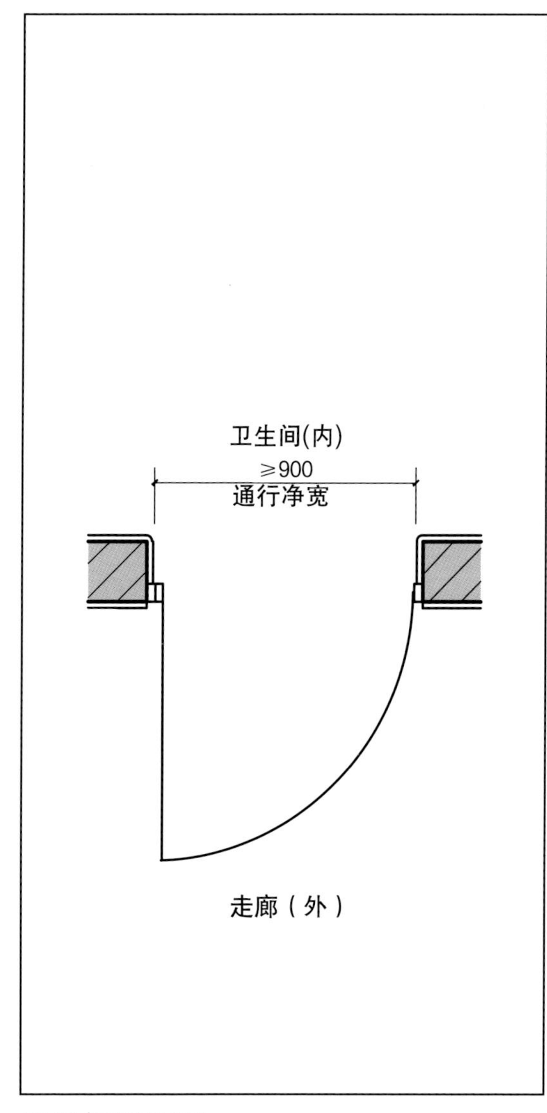
卫生间(内)
≥900
通行净宽
走廊（外）

平开门平面图

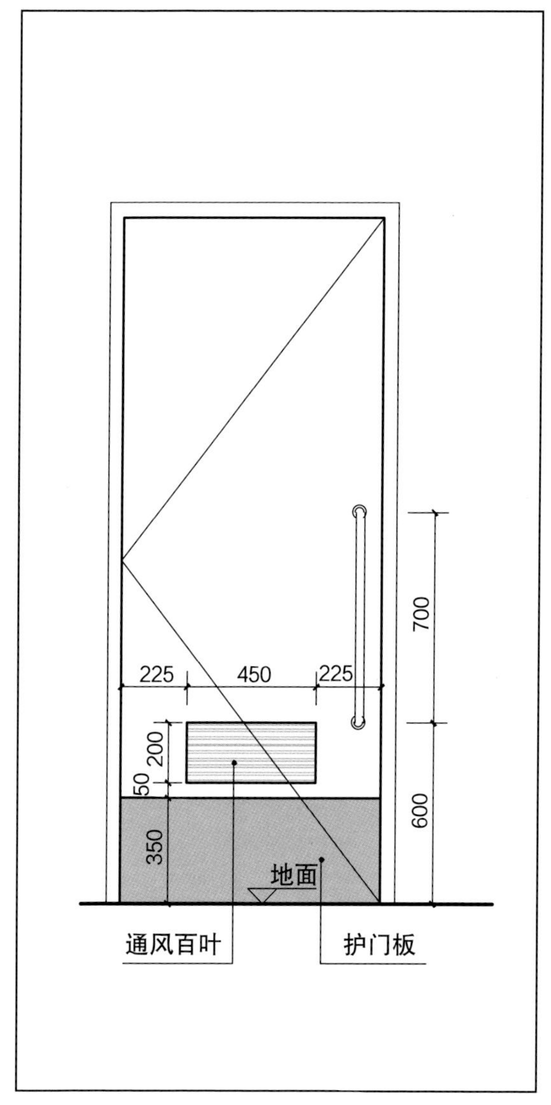
700
225
450
225
200
50
600
350
地面
通风百叶
护门板

平开门（外部）立面图

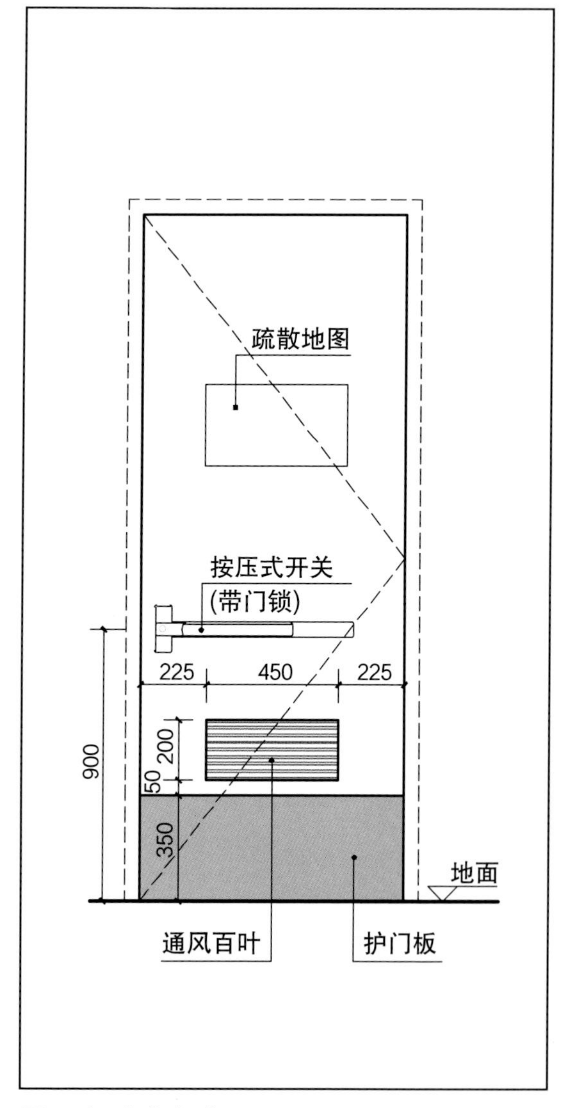
疏散地图
按压式开关
(带门锁)
225
450
225
900
200
50
350
地面
通风百叶
护门板

平开门（内部）立面图

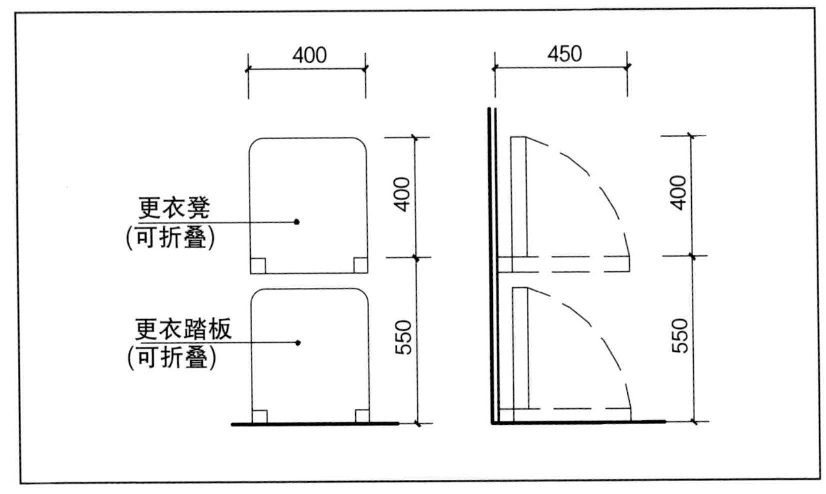
400
450
400
550
400
550
更衣凳
(可折叠)
更衣踏板
(可折叠)
更衣凳 / 更衣踏板平面图、侧立面图

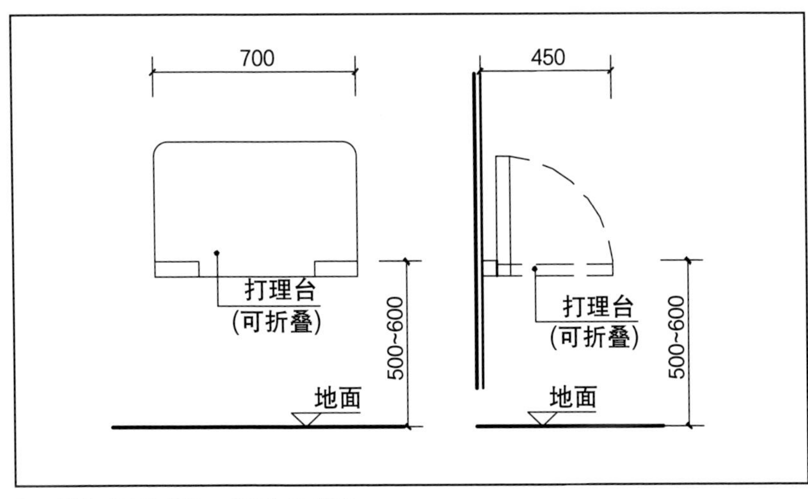
700
450
打理台
(可折叠)
打理台
(可折叠)
500~600
500~600
地面
地面
打理台平面图、侧立面图

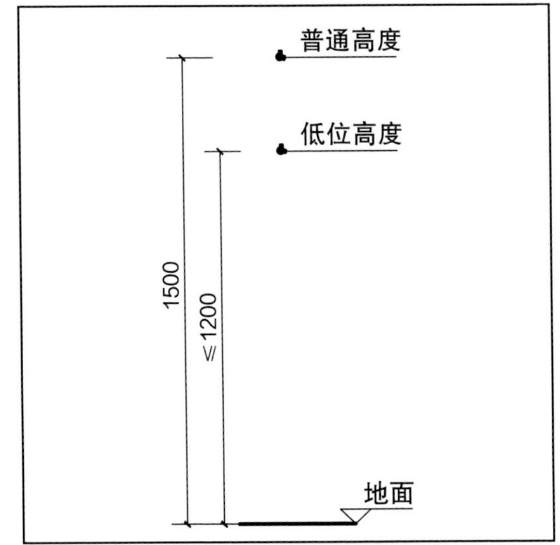
普通高度
低位高度
1500
≤1200
地面
挂衣钩（高、低位安装高度）示意图

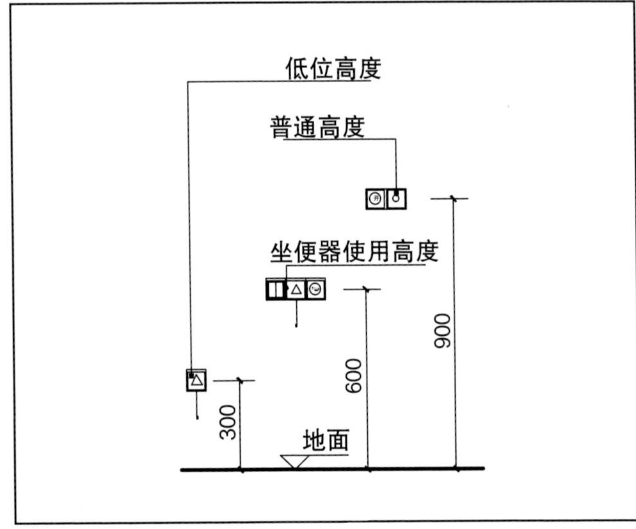
低位高度
普通高度
坐便器使用高度
900
600
300
地面
紧急呼叫按钮 / 手动冲水开关 / 电源插座（高、低位安装高度）示意图

备注：

1. 图纸比例为 1∶25；
2. 图中所示抓杆直径为 30mm。

第 3 章 无障碍卫生间错误案例解析

本章展示了一些实拍的无障碍卫生间错误案例，指出做法不妥之处。同时，也放置了正确的做法示意图，供读者相互比对，加深对无障碍设计原理和实际作用的理解。

3.1 洗面盆区域 扶手

安装位置过低，水平横杆无法起到支撑作用。

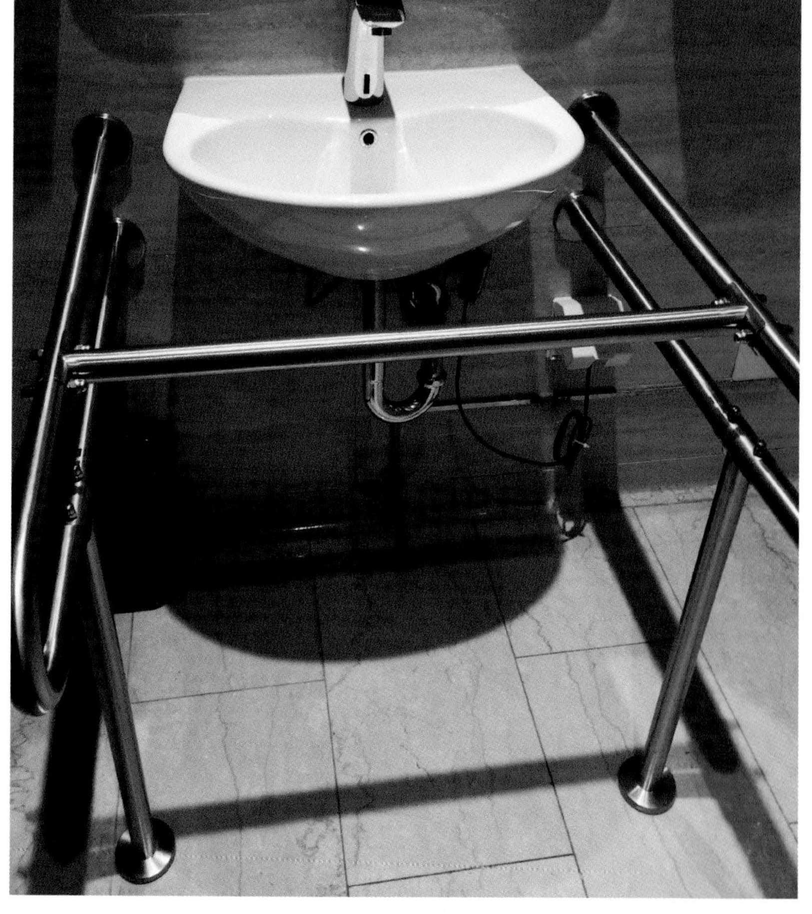

洗面盆区域 扶手

水平横杆距离水池过远，不利于轮椅使用者接近洗面盆。

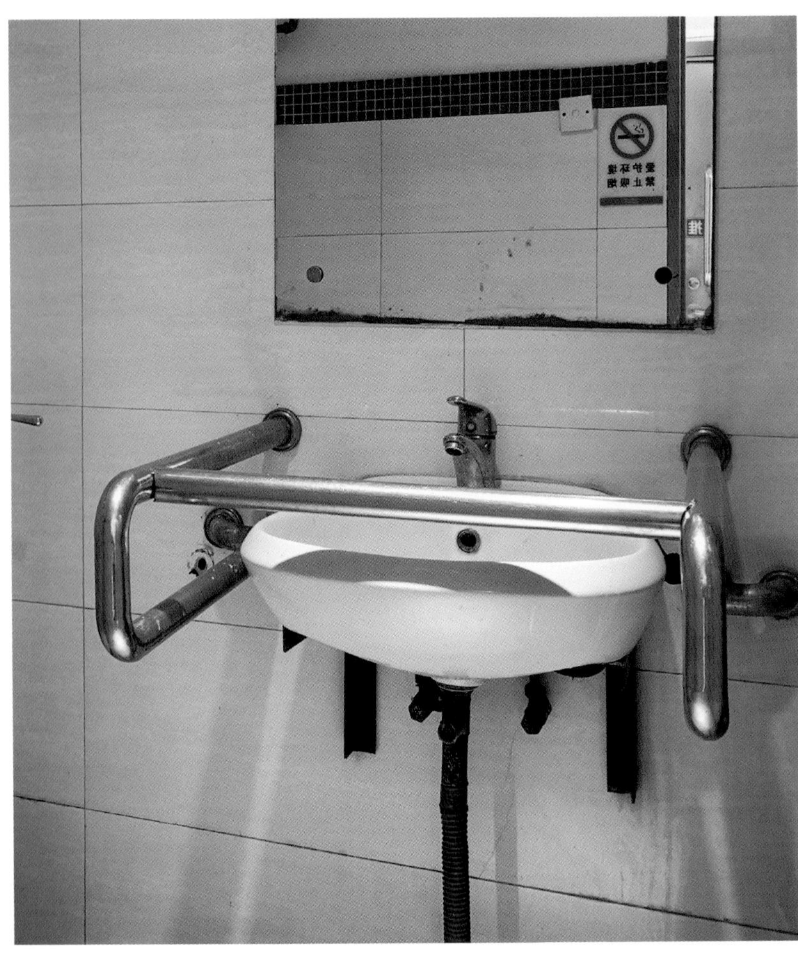

洗面盆区域扶手

扶手安装高度过高，对轮椅使用者起到了妨碍作用。

3.2 坐便器区域 靠墙侧扶手

悬臂扶手有立杆，且过于靠外，不便于使用者接近坐便器；L 形扶手的水平段过短，不便于使用者通过支撑发力起身。

坐便器区域 靠墙侧扶手

靠墙侧没有 L 形扶手的竖直段，不利于使用者通过拉拽方式起身。

坐便器区域
靠墙侧扶手

靠墙侧 L 形扶手安装方向错误。

坐便器区域
扶手

悬臂扶手无法抬起，且长度过短，能起到的支撑作用有限；
靠墙侧扶手没有竖直杆件。

坐便器区域
扶手

仅坐便器一侧有扶手，且设置长度不合理。

坐便器区域扶手

靠墙侧 L 形扶手安装错误，竖直杆件应在水平杆件上方。

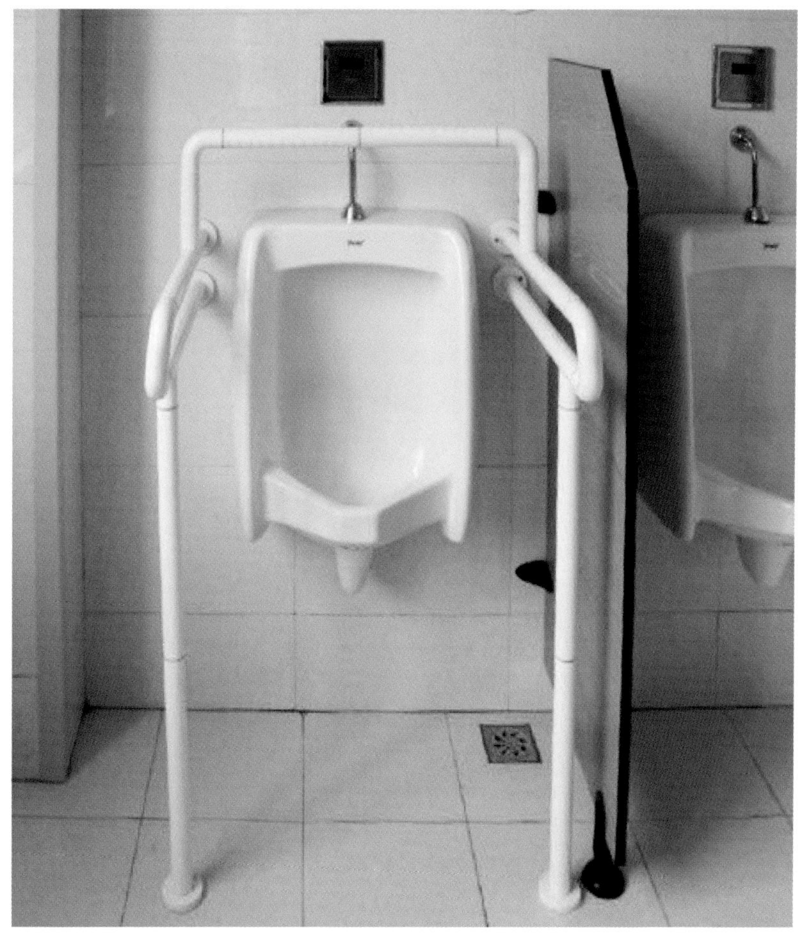

3.3 小便器区域
扶手

水平横杆过低，不方便使用者站立后依靠；
立杆过于靠外，轮椅使用者无法接近。

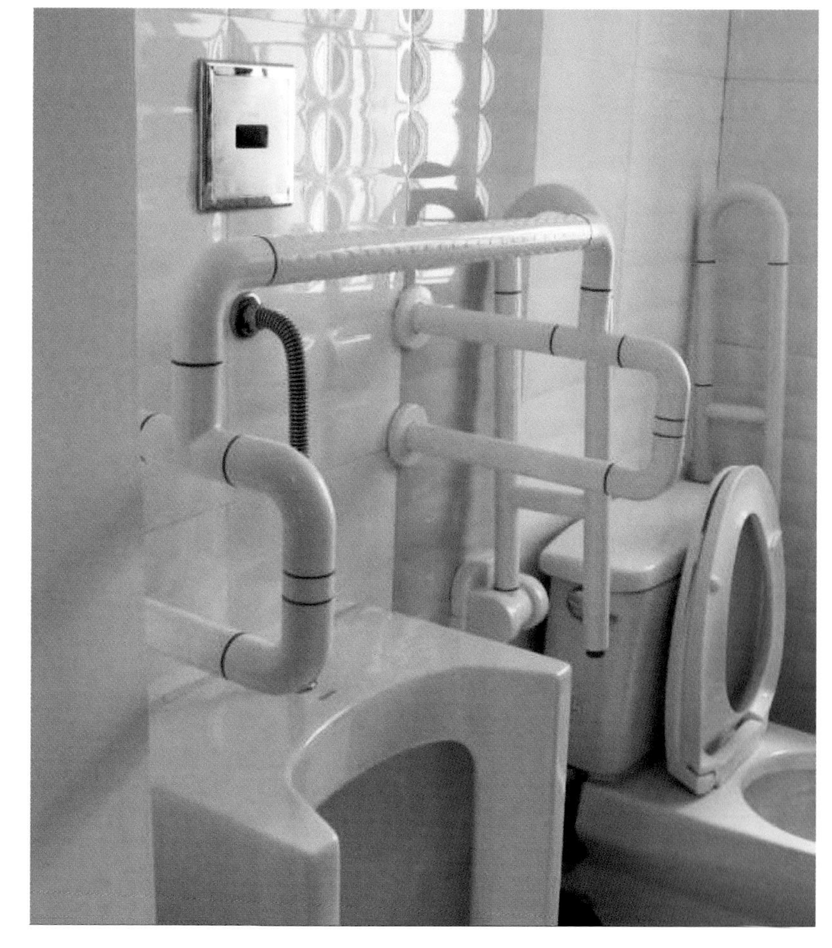

小便器区域
扶手

小便器两侧水平扶手过短，不便于使用者支撑借力，站立困难。

小便器区域
扶手

立杆影响轮椅靠近，没有水平横杆。

3.4 其他部分
地面

卫生间地面与走廊地面一致，未使用防滑地砖，增加使用者滑倒的风险。

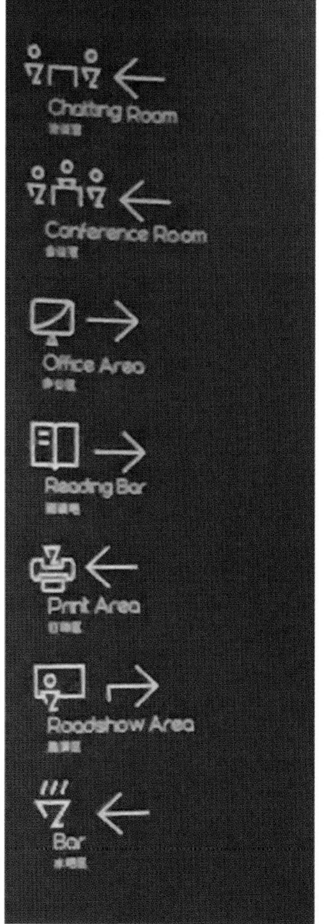
Chatting Room
Conference Room
Office Area
Reading Bar
Print Area
Roadshow Area
Bar

XAOZ
C107-C111
Roadshow Area
Conference Room
XAOZ
B101-B106

其他部分
标识

标识系统过于抽象，不便于辨识。

其他部分
推拉门

卫生间门外侧门把手设置不合理，不便于使用。

M-SHOW一层消防疏散图

第 4 章 无障碍卫生间设计元素清单

本章对无障碍卫生间内设计元素进行划分，方便设计者在确保基本使用要求的前提下，可以对卫生间进行分级设计提升。

无障碍卫生间 | 设计元素清单

标准配备元素（★★★）

位置	元素
土建装修	防滑地砖
	防臭地漏
入口	平开门
	门下通风百叶
	门下护门板
	疏散地图
洗手区	洗面盆+安全扶手
	长柄水龙头
	梳妆镜
	擦手纸巾盒
坐便器区	坐便器+安全扶手
	低位紧急呼叫按钮
其他	可折叠打理台

标准配备元素：
无障碍卫生间设计中最基本的设计元素，可以满足日常使用要求，主要设施包括坐便器和洗面盆。

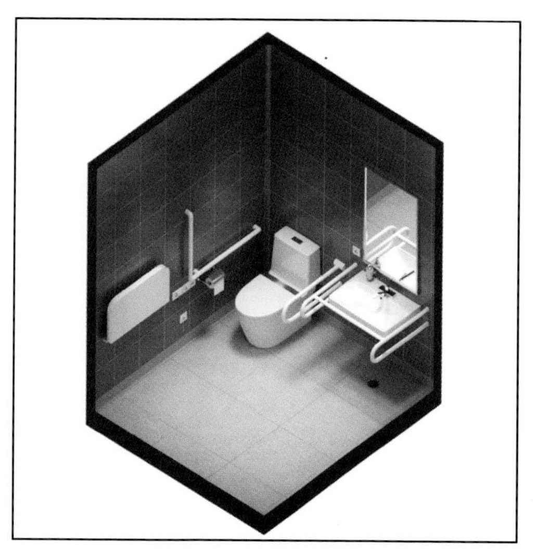

提升设计元素（★★★★）

位置	元素
土建装修	室内圆角设计
入口	手动推拉门
洗手区	自动干手器
坐便器区	壁挂式坐便器
	坐便器靠垫
小便器区	小便器+安全扶手
	置物台
其他	更衣凳
	更衣踏板

提升设计元素：
在标准配置的基础上增加的设备，主要增设了小便器、手动推拉门等。

人性化设备元素：
通过高科技设备，为使用者提供方便，提升卫生间的舒适度，主要增加的元素有电动平移门和人造肛门清洗器等。

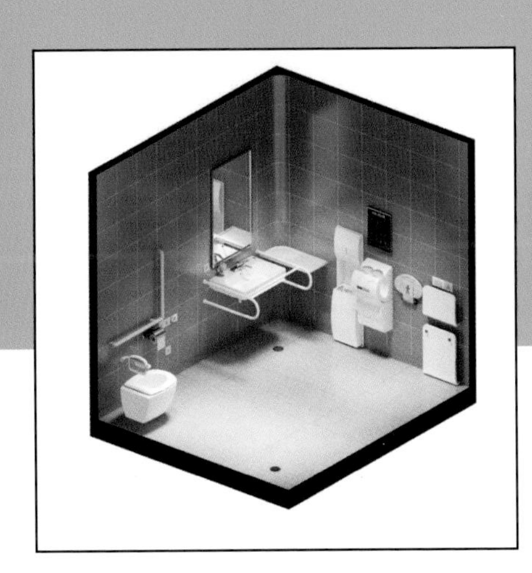

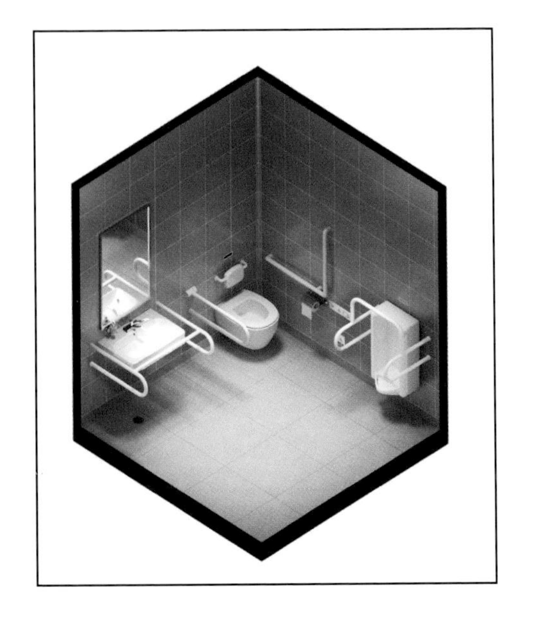

人性化设备元素（★★★★★）

位置	元素
入口	电动平移门
洗手区	自动感应水龙头
	置物台
坐便器区	自动冲水感应器
	坐便器坐垫加热
	坐便器前侧冲水按钮
其他	人造肛门清洗器
	电子信息屏
	折叠婴儿座椅

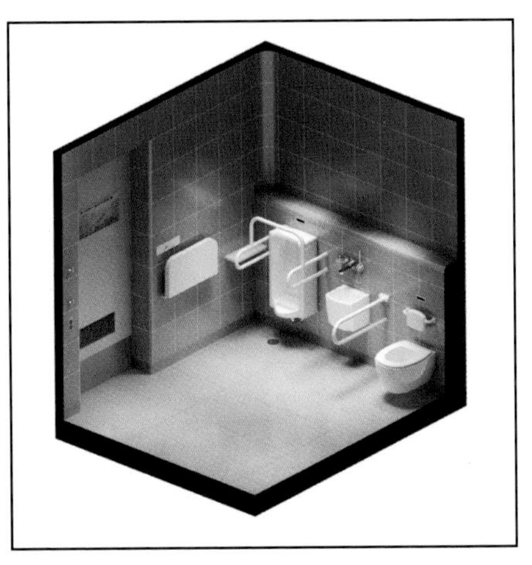

第 5 章

无障碍卫生间
典型设计案例

本章设计了 3 个卫生间案例，分为标准配备型、提升设计型和人性化设备型，与无障碍卫生间设计元素清单相对应。

5.1 卫生间设计 - 案例 1（三星级）

标准配备型（★★★）

位置	元素
土建装修	防滑地砖
	防臭地漏
入口	平开门
	门下通风百叶
	门下护门板
	疏散地图
洗手区	洗面盆+安全扶手
	长柄水龙头
	梳妆镜
	擦手纸巾盒
坐便器区	坐便器+安全扶手
	低位紧急呼叫按钮
其他	可折叠打理台

案例 1

《无障碍设计规范》GB 50763—2012 中要求无障碍厕位面积标准不应小于 $4m^2$，案例 1 便是根据规范设计的卫生间。

本案例的卫生间设计中包含最基本的元素，可以满足日常使用要求，较为经济实惠。

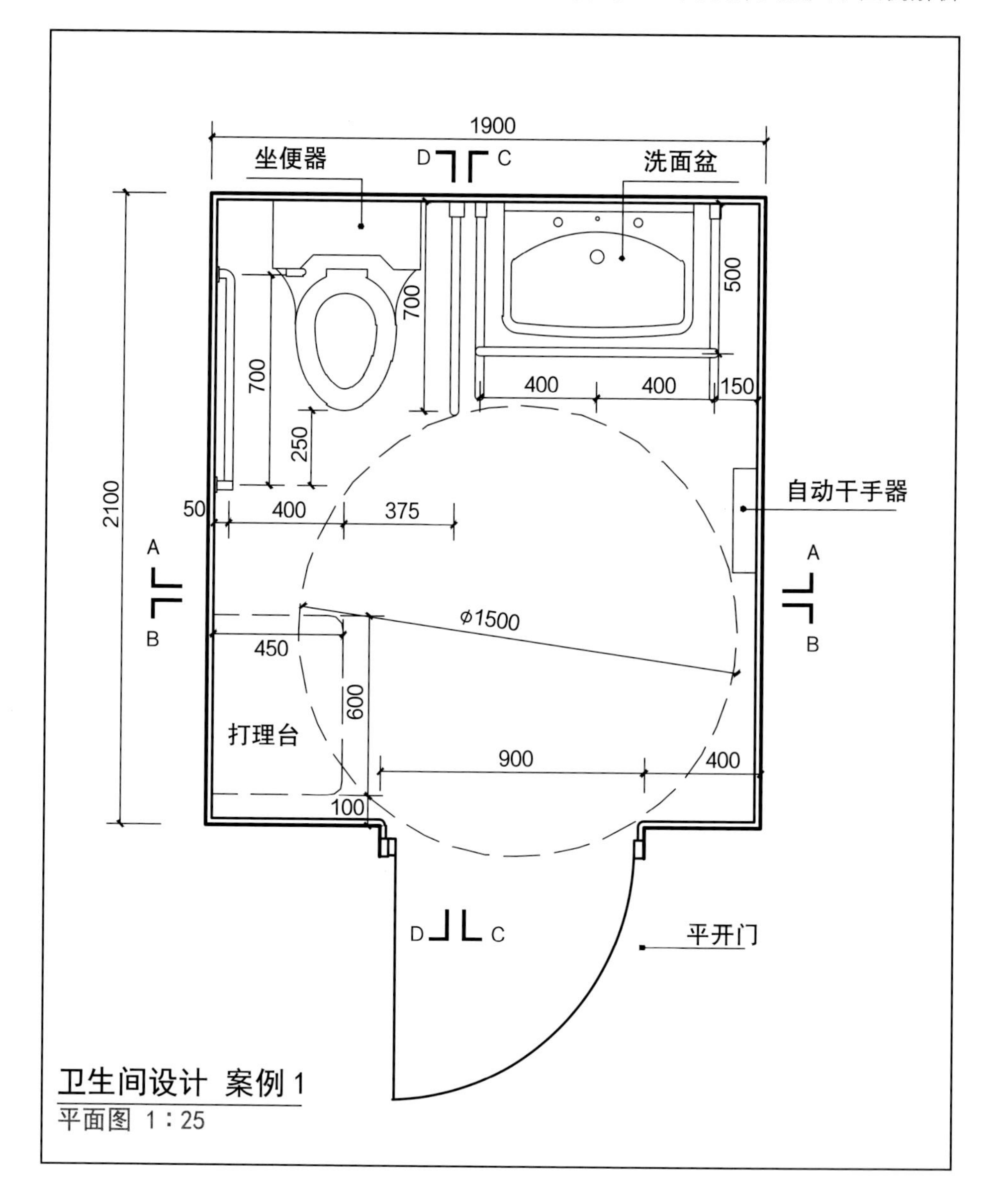
1900
坐便器
D C
洗面盆
500
700
700
400
400
150
250
2100
50
400
375
自动干手器
A
B
A
B
φ1500
450
600
打理台
900
400
100
D C
平开门

卫生间设计 案例 1
平面图 1∶25

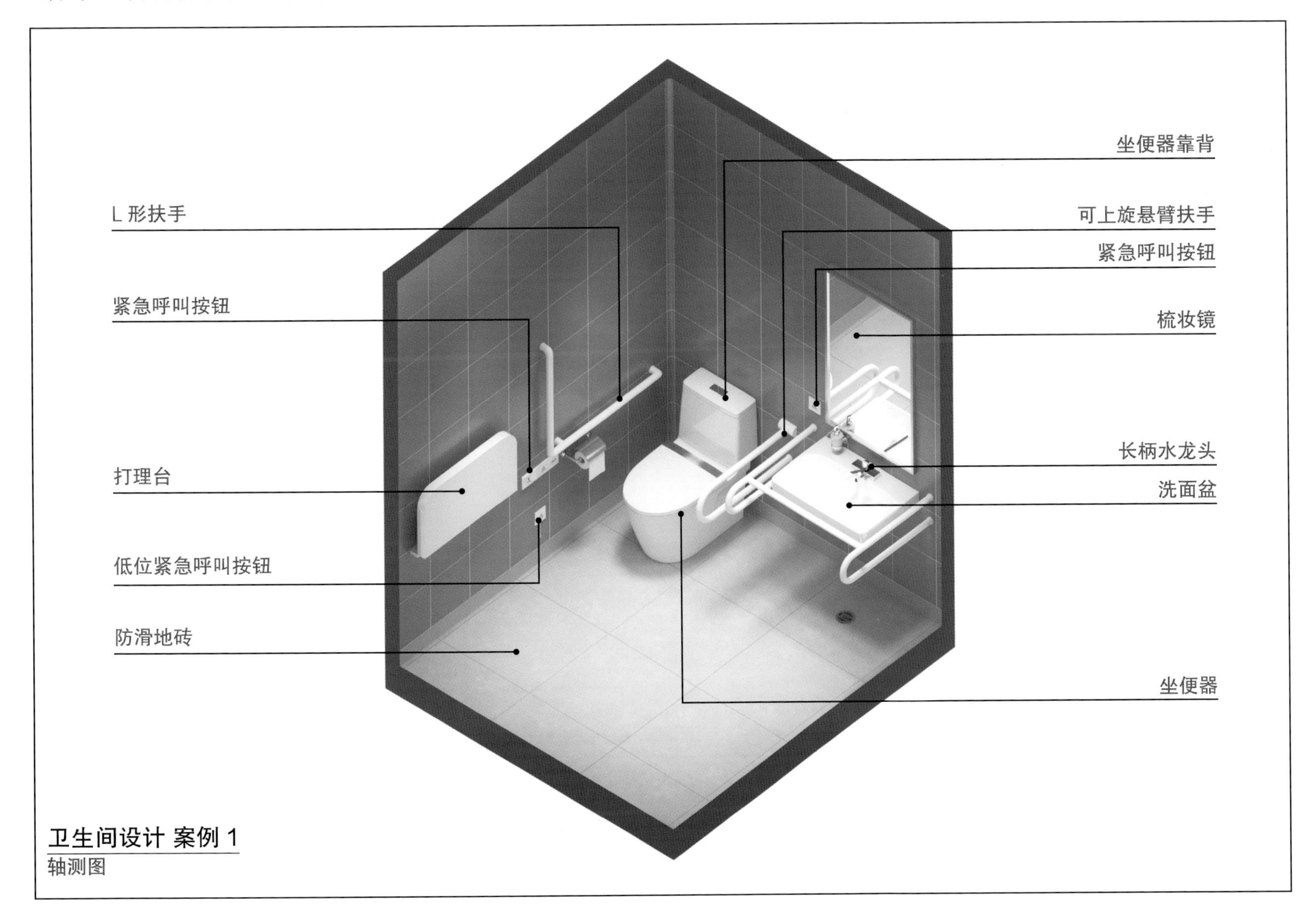
L 形扶手
紧急呼叫按钮
打理台
低位紧急呼叫按钮
防滑地砖
坐便器靠背
可上旋悬臂扶手
紧急呼叫按钮
梳妆镜
长柄水龙头
洗面盆
坐便器

卫生间设计 案例 1

轴测图

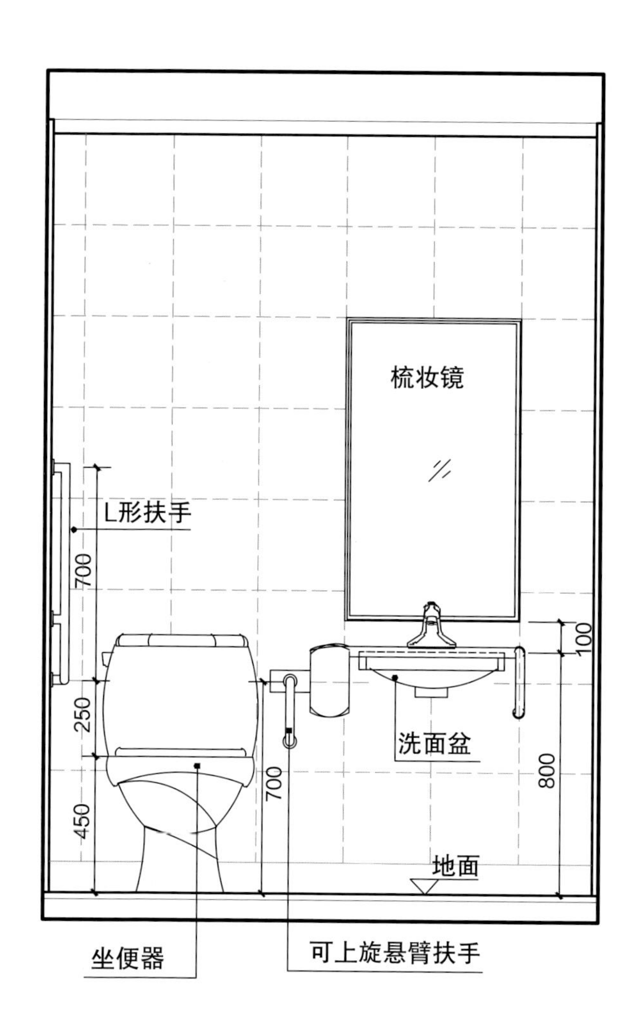
梳妆镜
L形扶手
700
100
250
洗面盆
700
800
450
地面
坐便器
可上旋悬臂扶手

卫生间设计 案例 1

A—A 剖面图 1 : 25

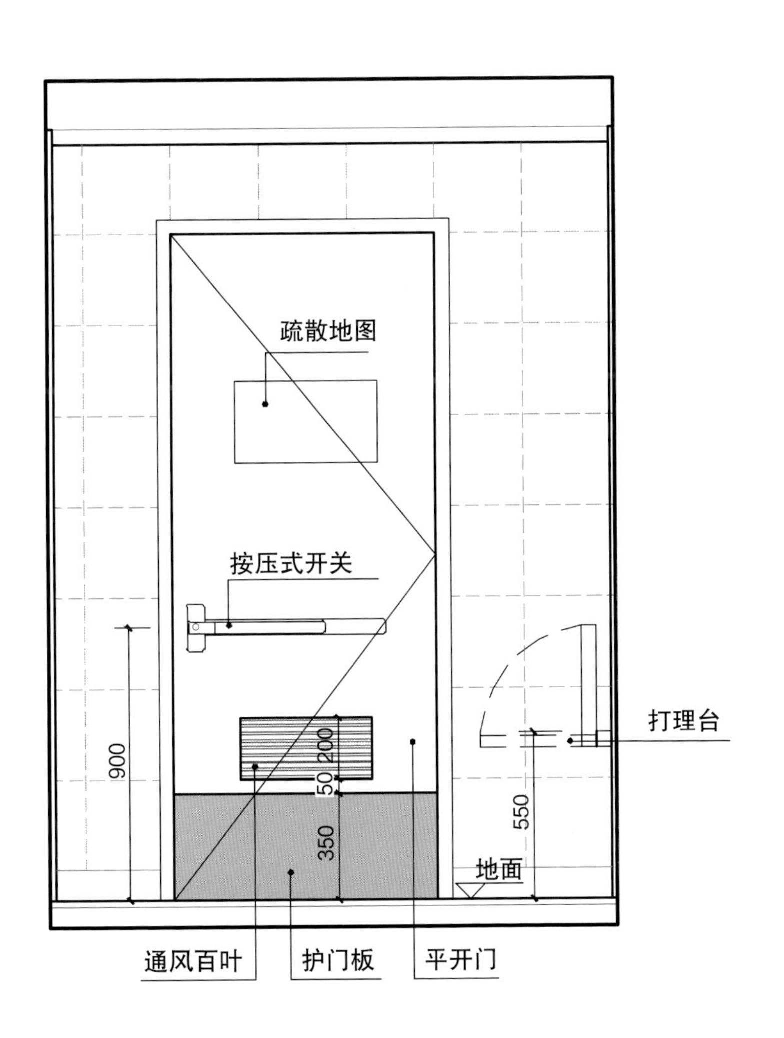
疏散地图
按压式开关
打理台
900
200
50
350
550
地面
通风百叶
护门板
平开门

卫生间设计 案例 1

B—B 剖面图 1：25

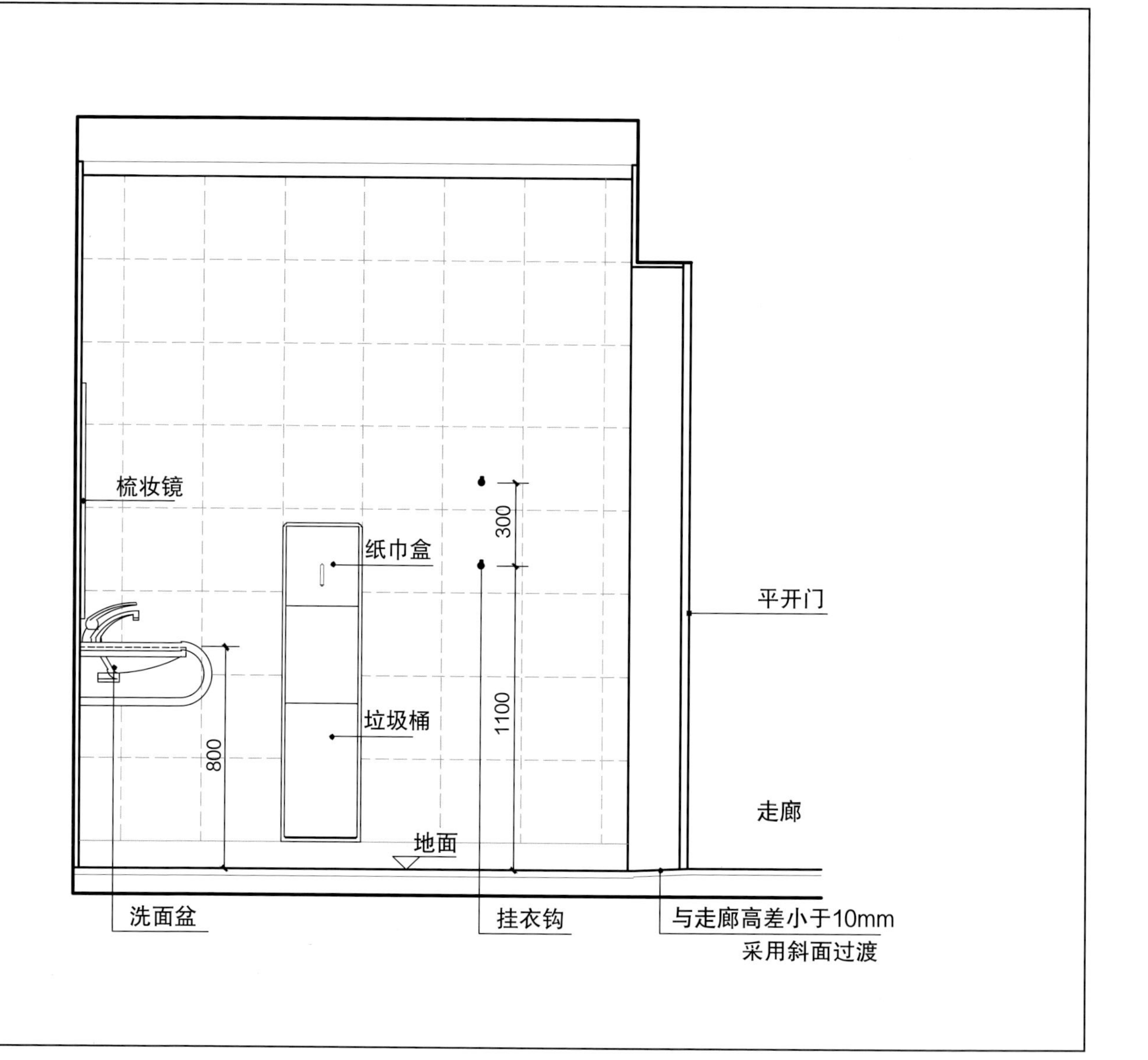
梳妆镜
纸巾盒
300
平开门
1100
垃圾桶
800
走廊
地面
洗面盆
挂衣钩
与走廊高差小于10mm
采用斜面过渡

卫生间设计 案例 1

C—C 剖面图 1∶25

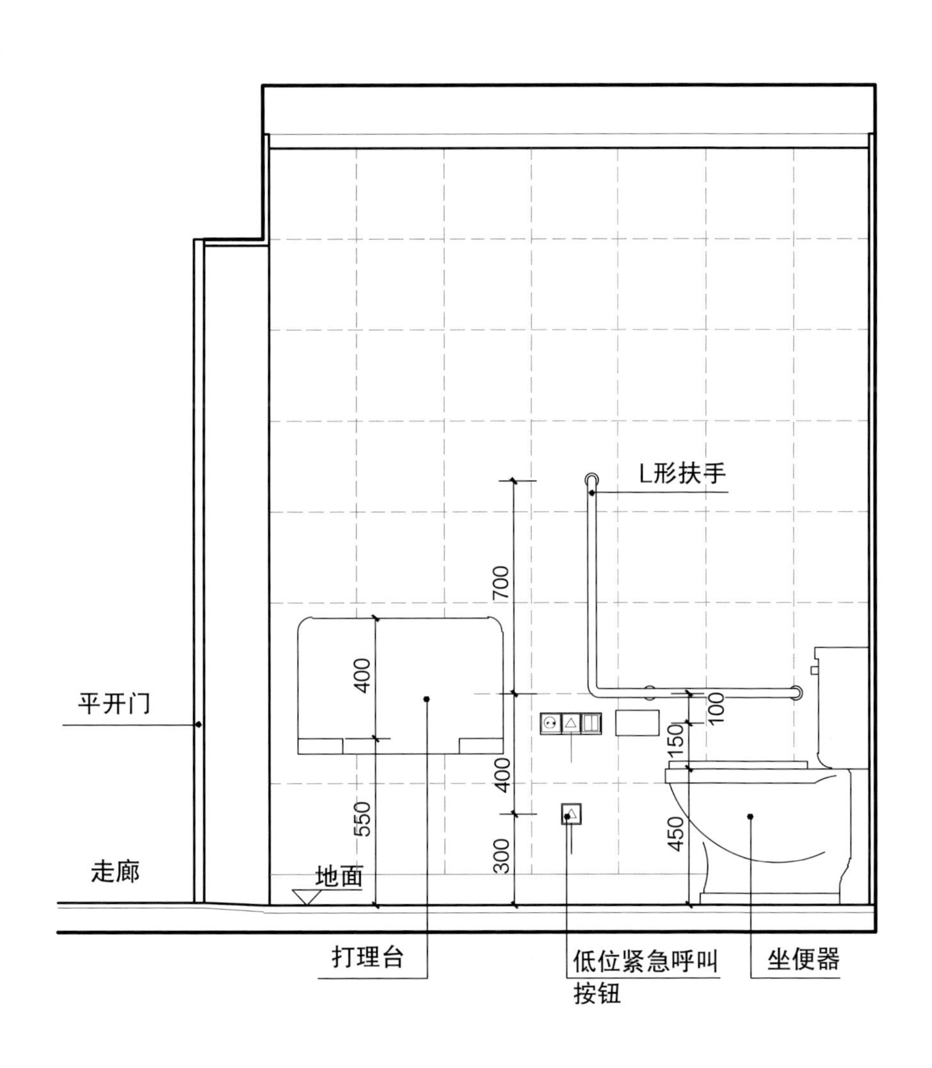
L形扶手
700
400
100
150
400
550
300
450
平开门
走廊
地面
打理台
低位紧急呼叫按钮
坐便器

卫生间设计 案例 1

D—D 剖面图 1：25

5.2 卫生间设计 - 案例 2（四星级）

提升设计型（★★★★）

位置	元素
土建装修	防滑地砖
	防臭地漏
	室内圆角设计
入口	手动推拉门
	门下通风百叶
	门下护门板
	疏散地图
洗手区	洗面盆+安全扶手
	长柄水龙头
	梳妆镜
	二合一纸巾盒/垃圾桶
坐便器区	壁挂式坐便器+安全扶手
	坐便器靠背
	低位紧急呼叫按钮
小便器区	小便器+安全扶手
其他	可折叠打理台

案例 2

本案例配置了小便器、坐便器和洗面盆三大标准的卫生洁具，同时加入自动干手器等设施。

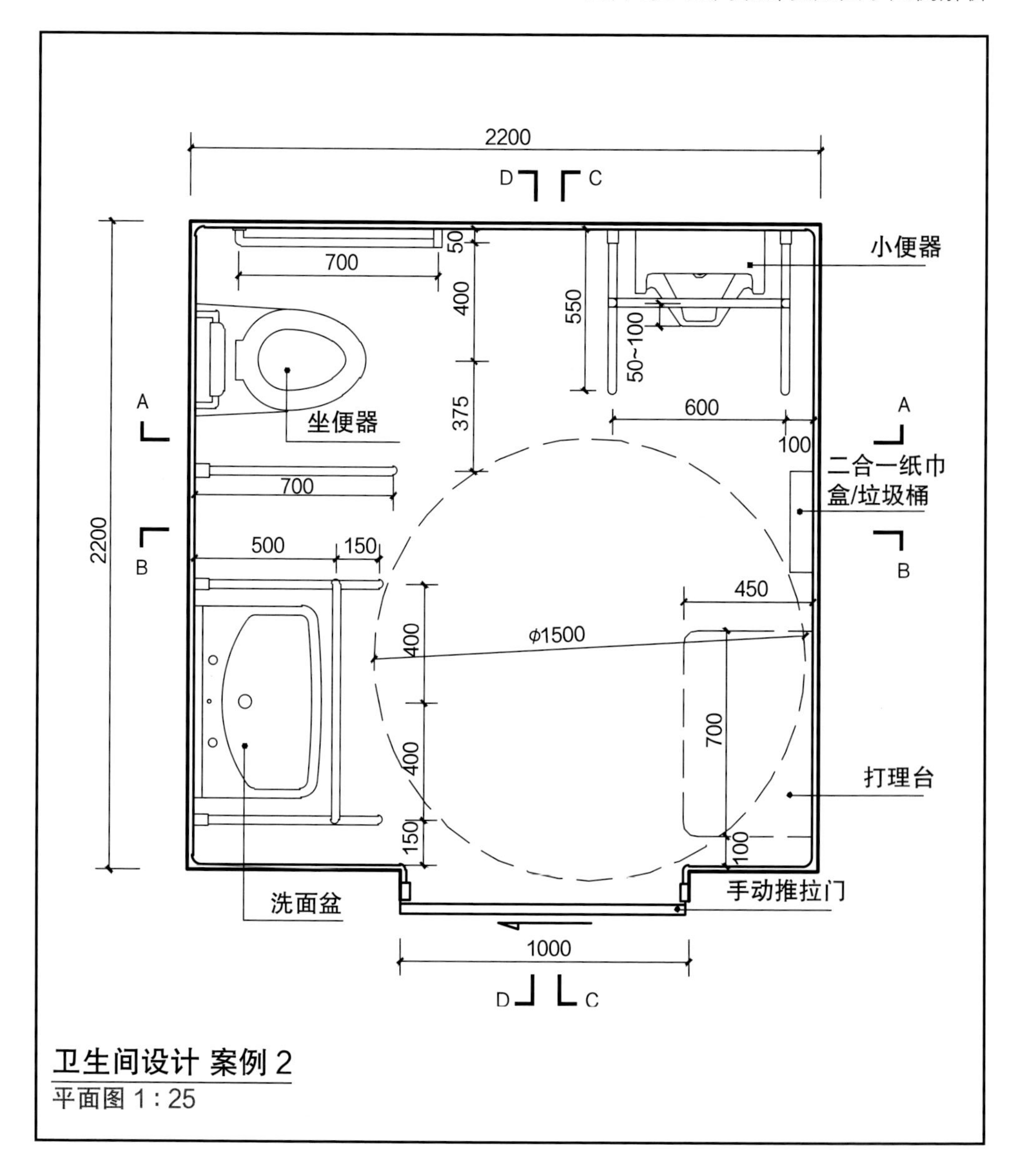
2200
D C
小便器
700
50
400
550
50~100
坐便器
375
600
100
A
二合一纸巾盒/垃圾桶
B
700
2200
500
150
450
ϕ1500
400
400
700
打理台
150
100
手动推拉门
洗面盆
1000
D C

卫生间设计 案例 2

平面图 1：25

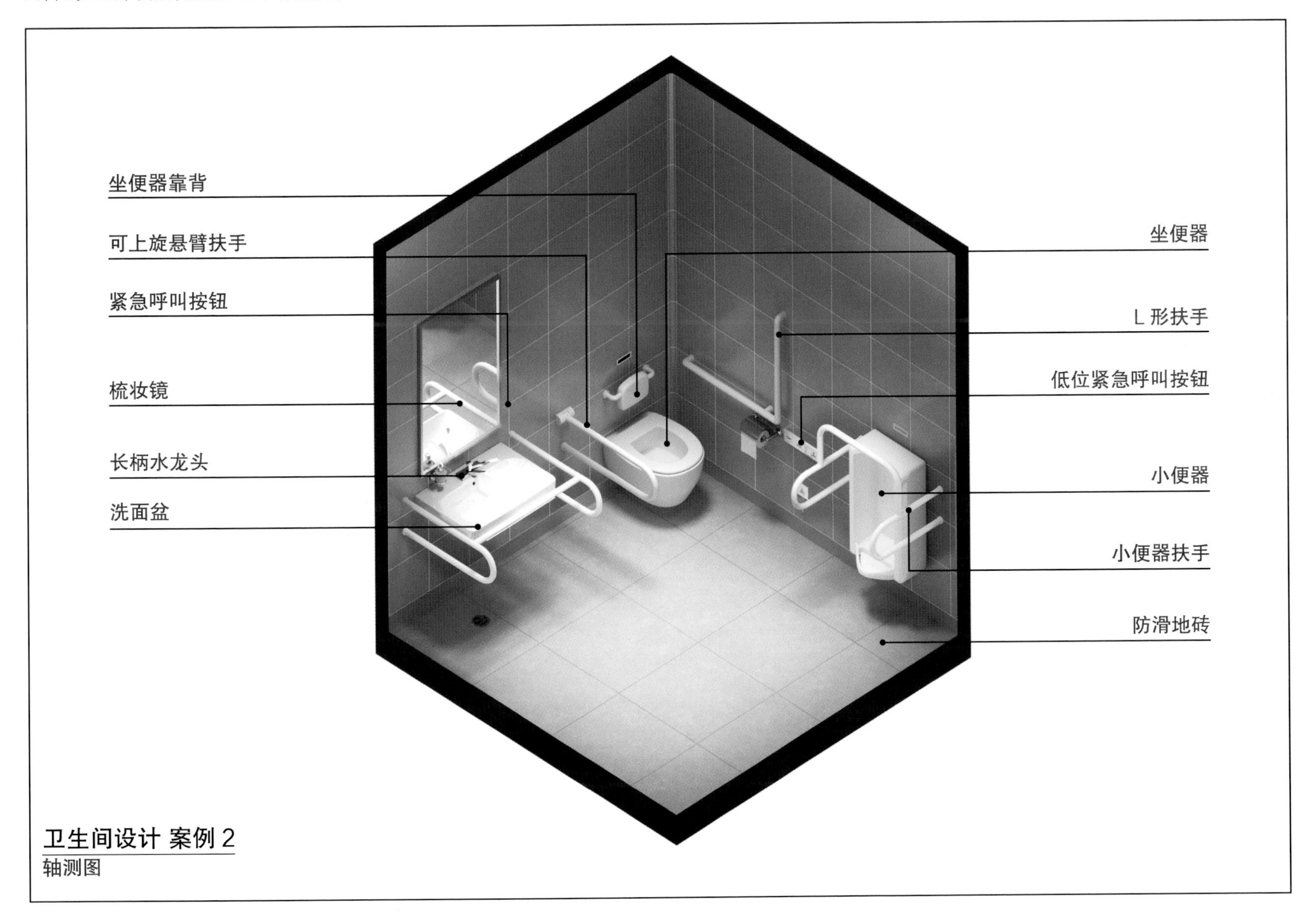
坐便器靠背
可上旋悬臂扶手
紧急呼叫按钮
梳妆镜
长柄水龙头
洗面盆
坐便器
L 形扶手
低位紧急呼叫按钮
小便器
小便器扶手
防滑地砖

卫生间设计 案例 2

轴测图

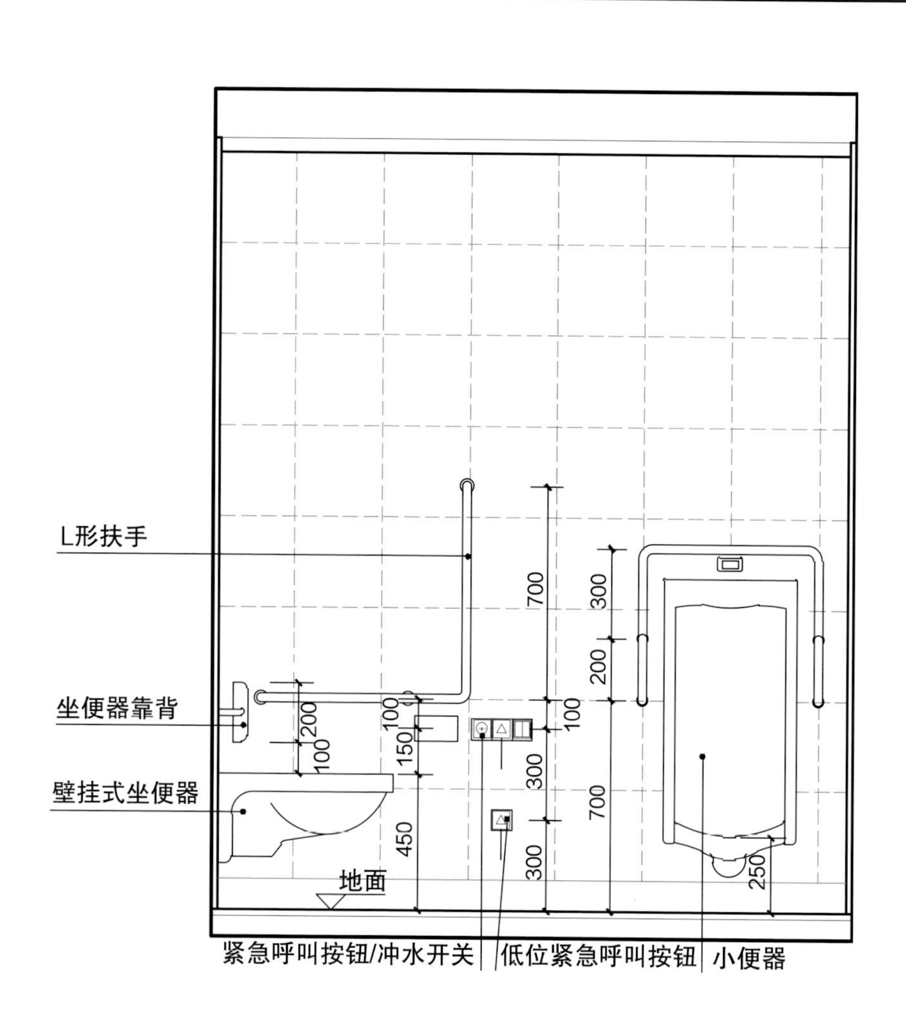
L形扶手
坐便器靠背
壁挂式坐便器
地面
700
300
200
100
200
100
100
150
450
100
300
700
300
250
紧急呼叫按钮/冲水开关
低位紧急呼叫按钮
小便器

卫生间设计 案例 2

A—A 剖面图 1 : 25

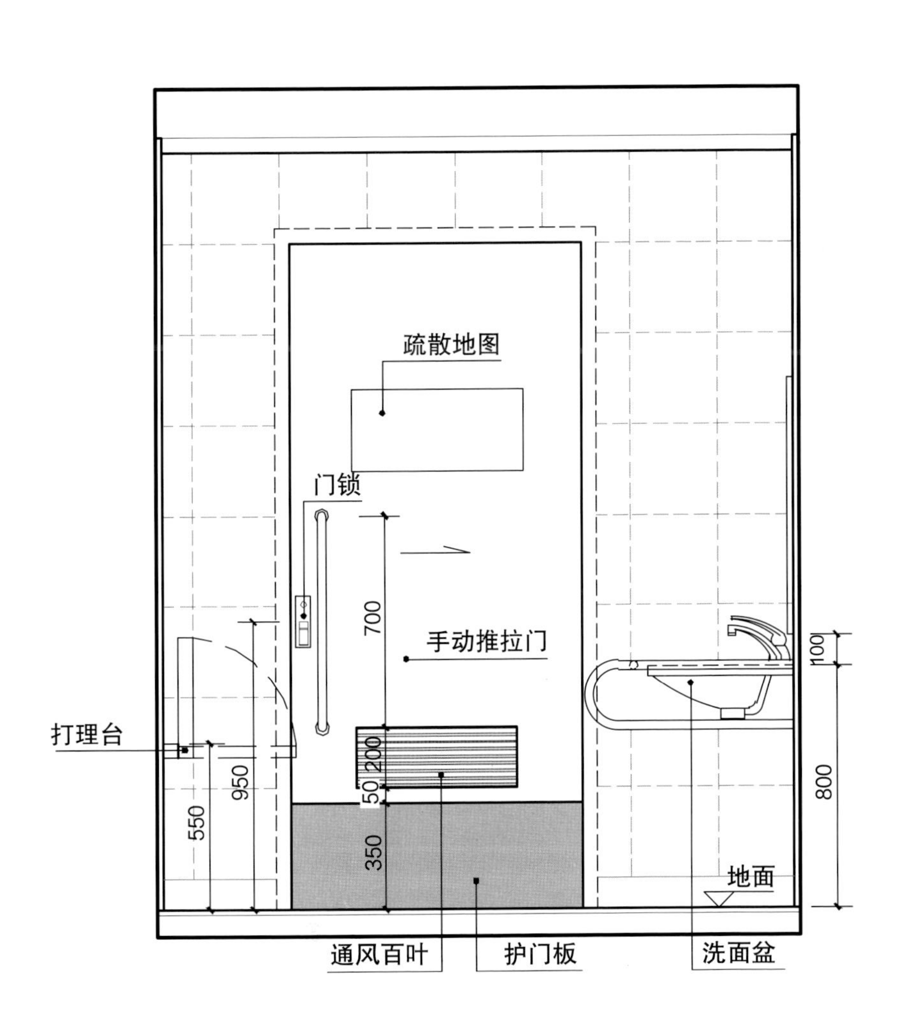
疏散地图
门锁
700
手动推拉门
打理台
950
550
200
50
350
100
800
地面
通风百叶
护门板
洗面盆

卫生间设计 案例 2

B—B 剖面图 1：25

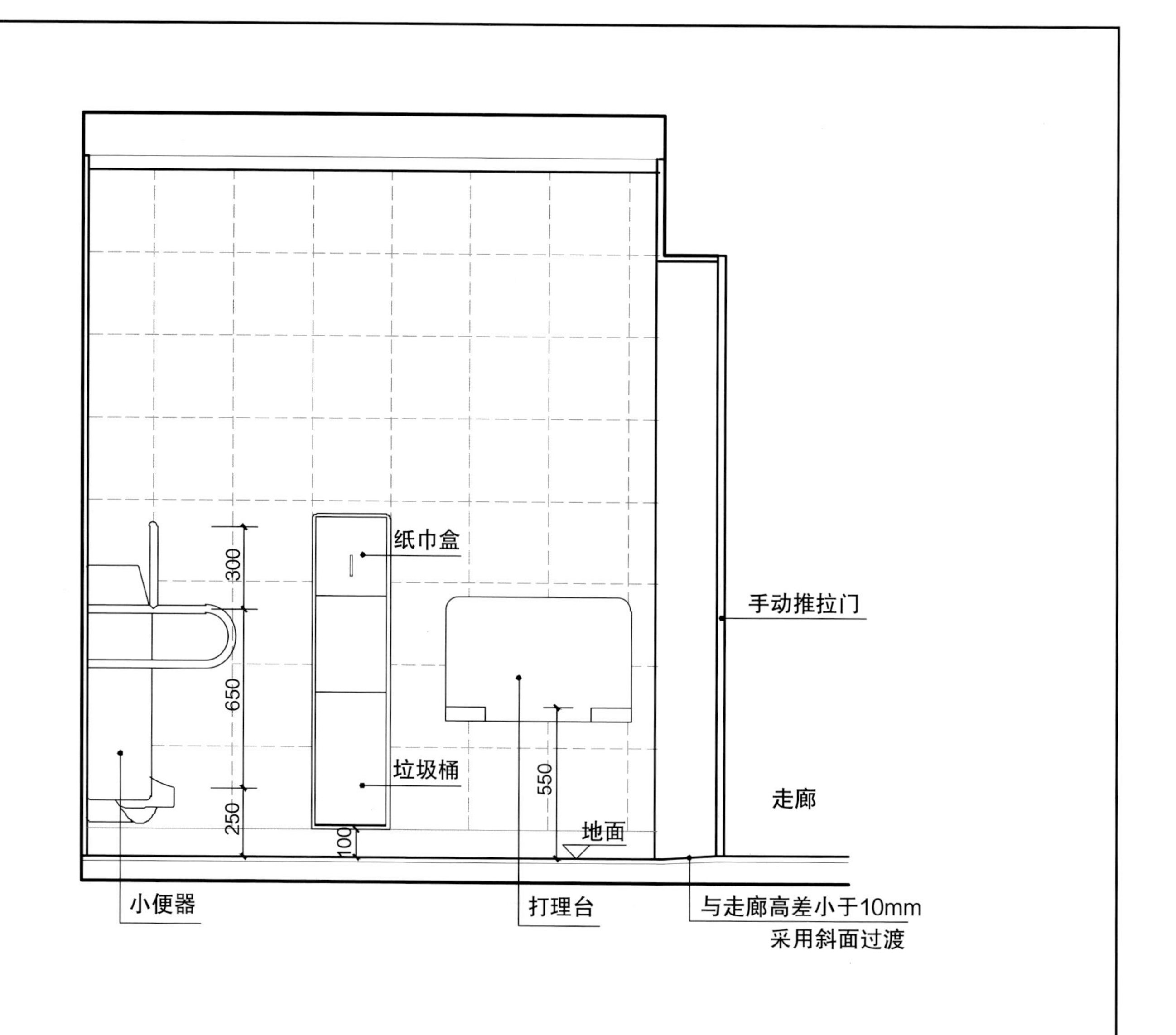
纸巾盒
300
650
250
100
垃圾桶
550
地面
手动推拉门
走廊
小便器
打理台
与走廊高差小于10mm
采用斜面过渡

卫生间设计 案例 2

C—C 剖面图 1 : 25

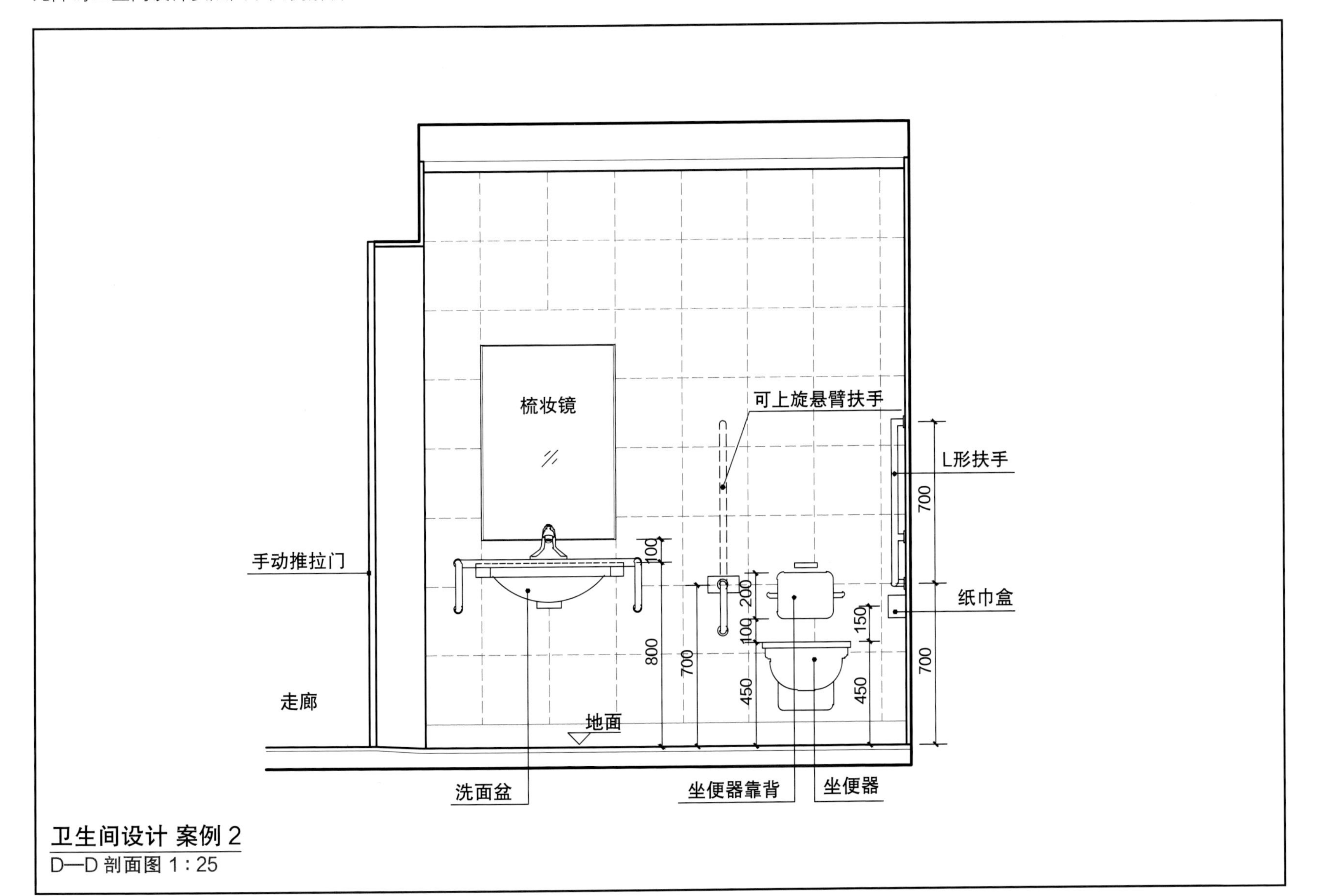
梳妆镜
可上旋悬臂扶手
L形扶手
700
100
手动推拉门
200
纸巾盒
100
150
800
700
700
450
450
走廊
地面
洗面盆
坐便器靠背
坐便器

卫生间设计 案例2

D—D 剖面图 1:25

5.3 卫生间设计 – 案例 3（五星级）

人性化设备型（★★★★★）

位置	元素	位置	元素
土建装修	防滑地砖	坐便器区	壁挂式坐便器+安全扶手
	防臭地漏		自动冲水感应器
	室内圆角设计		坐便器靠背
入口	电动平移门		紧急呼叫按钮（含低位）
	门下通风百叶		马桶前侧冲水按钮
	门下护门板	其他	人造肛门清洗器
	疏散地图		电子信息屏
洗手区	洗面盆+安全扶手		折叠婴儿座椅
	梳妆镜		可折叠打理台
	二合一纸巾盒/垃圾桶		更衣凳
	自动感应水龙头		更衣踏板
	自动干手器		
小便器区	自动冲水小便器		
	置物台		

案例 3

本案例向国际同类卫生间的先进标准看齐，各类内部设施完备，可以满足不同人群的使用要求。内部使用空间大，配合多样的设施，可以服务于老年人结伴出行、父母带着异性孩子等多人同时使用卫生间的需要。

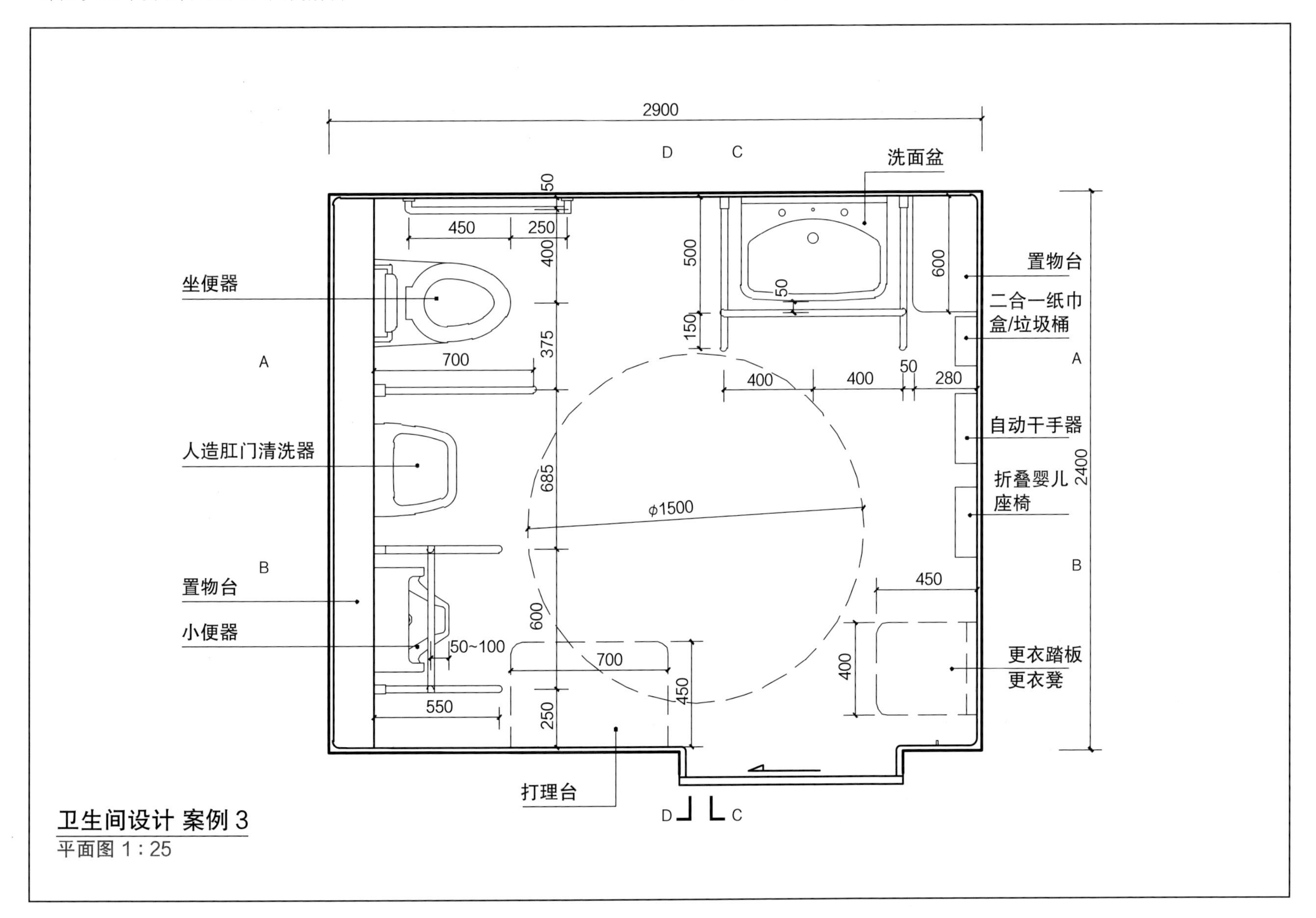
2900
D
C
洗面盆
50
450
250
400
500
600
置物台
坐便器
50
二合一纸巾
盒/垃圾桶
150
375
700
A
A
400
400
50
280
自动干手器
人造肛门清洗器
685
折叠婴儿
座椅
2400
ϕ1500
B
B
置物台
450
小便器
600
50~100
700
400
更衣踏板
更衣凳
450
550
250
打理台
D
C

卫生间设计 案例 3

平面图 1：25

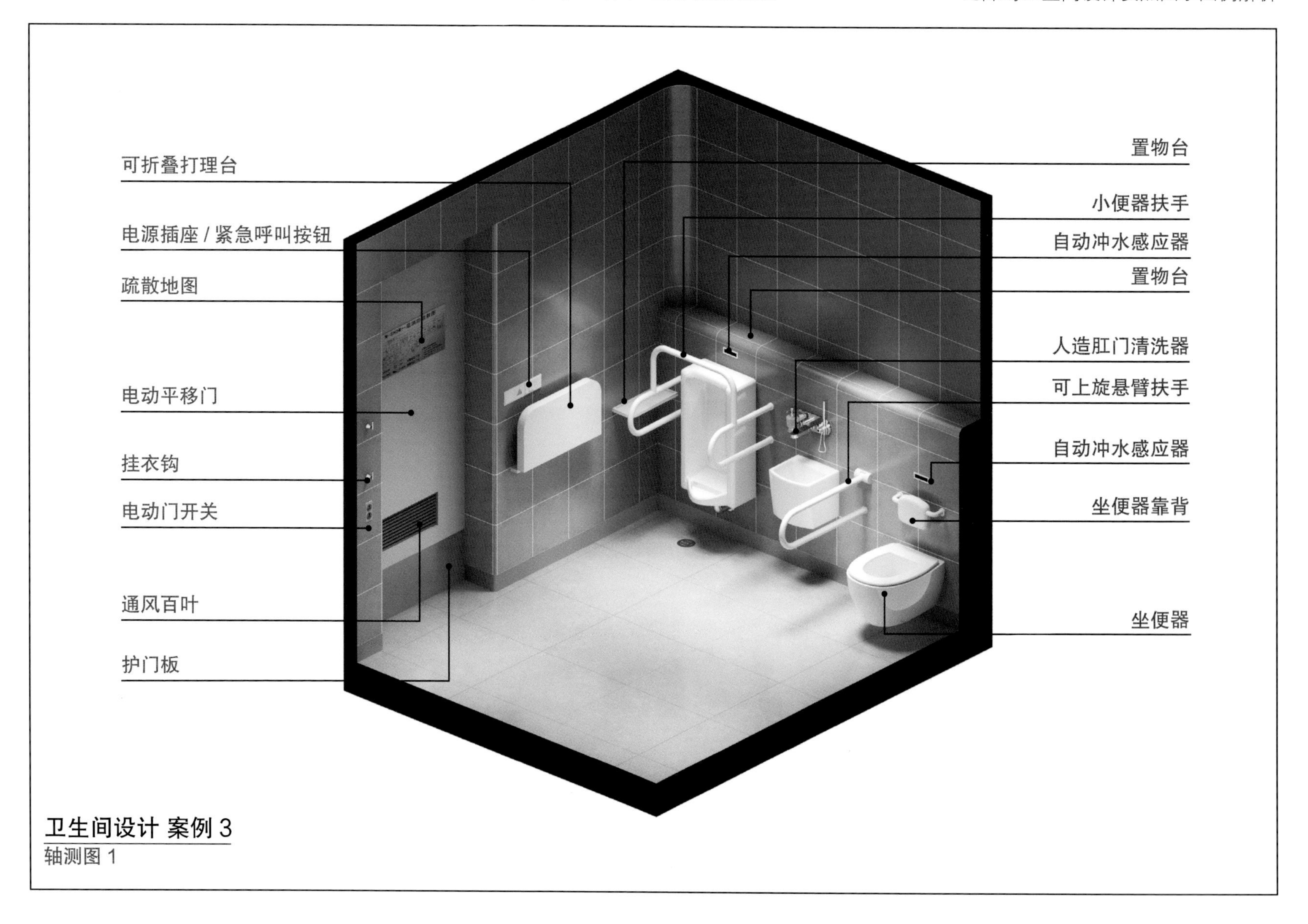
可折叠打理台
电源插座 / 紧急呼叫按钮
疏散地图
电动平移门
挂衣钩
电动门开关
通风百叶
护门板
置物台
小便器扶手
自动冲水感应器
置物台
人造肛门清洗器
可上旋悬臂扶手
自动冲水感应器
坐便器靠背
坐便器

卫生间设计 案例 3

轴测图 1

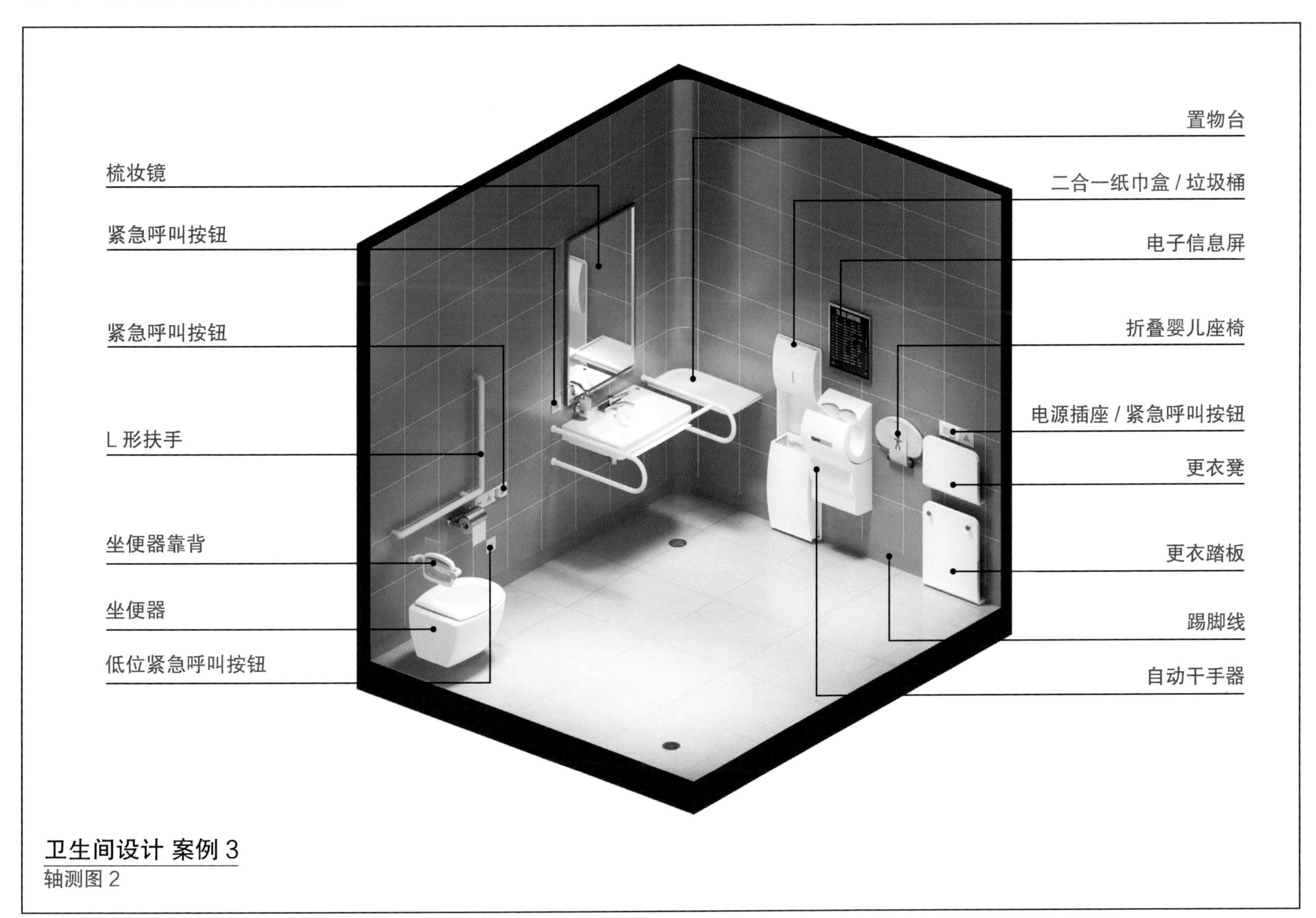
梳妆镜
紧急呼叫按钮
紧急呼叫按钮
L 形扶手
坐便器靠背
坐便器
低位紧急呼叫按钮
置物台
二合一纸巾盒 / 垃圾桶
电子信息屏
折叠婴儿座椅
电源插座 / 紧急呼叫按钮
更衣凳
更衣踏板
踢脚线
自动干手器

卫生间设计 案例 3
轴测图 2

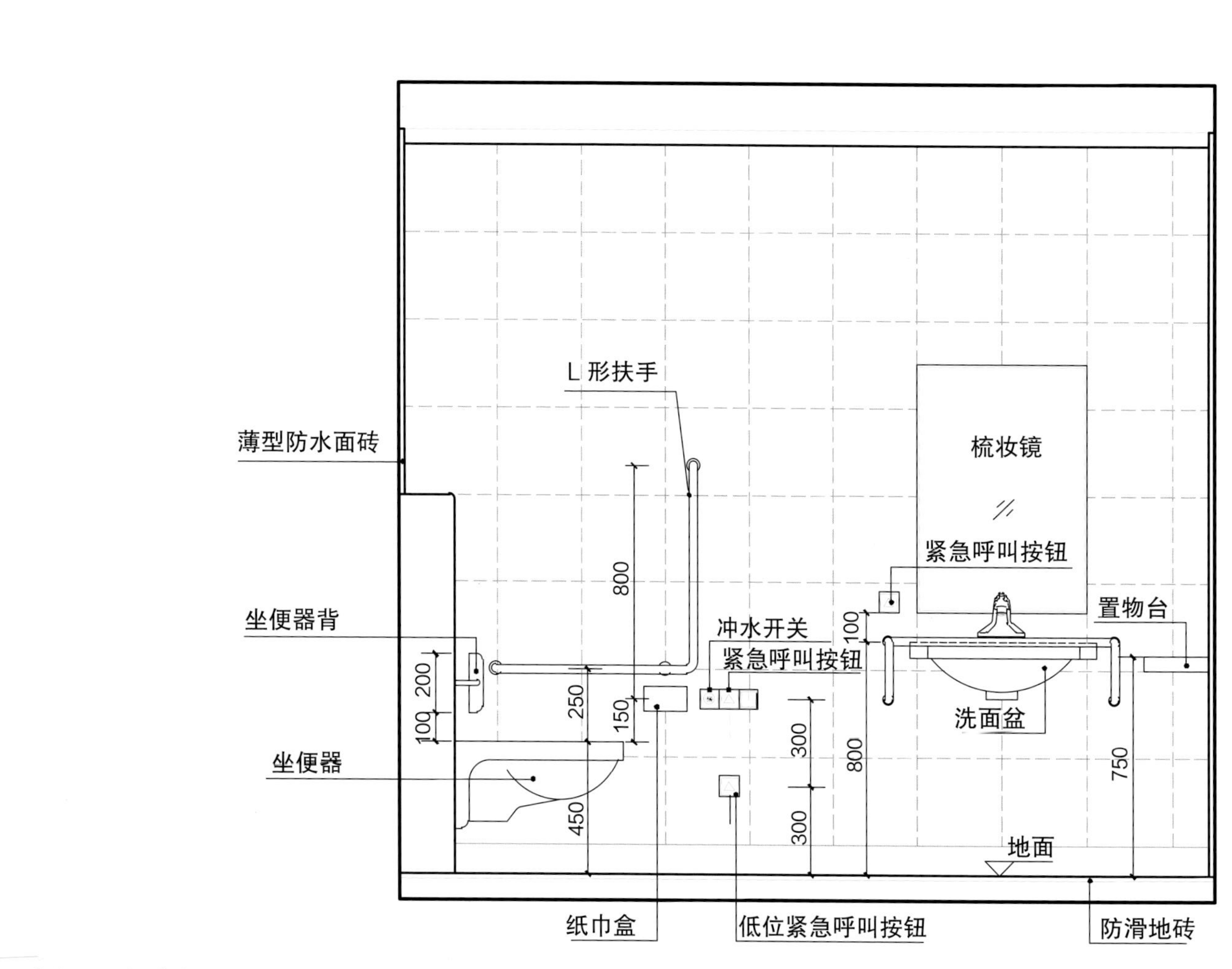
L 形扶手
薄型防水面砖
梳妆镜
紧急呼叫按钮
800
坐便器背
冲水开关
紧急呼叫按钮
置物台
100
200
100
250
150
洗面盆
300
800
750
坐便器
300
450
地面
纸巾盒
低位紧急呼叫按钮
防滑地砖

卫生间设计 案例 3

A—A 剖面图 1 : 25

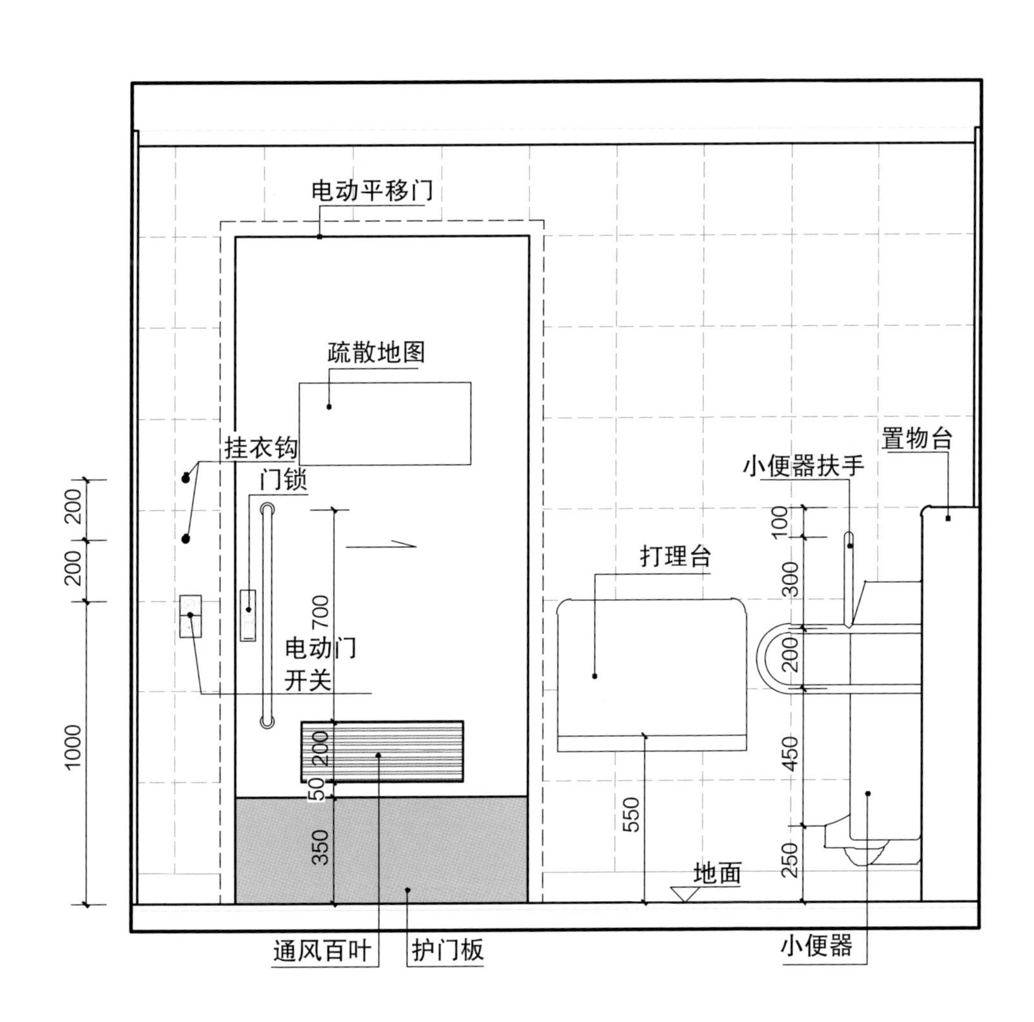
电动平移门
疏散地图
挂衣钩
门锁
电动门
开关
置物台
小便器扶手
打理台
地面
通风百叶
护门板
小便器
200
200
1000
700
200
50
350
550
100
300
200
450
250

卫生间设计 案例3

B—B 剖面图 1：25

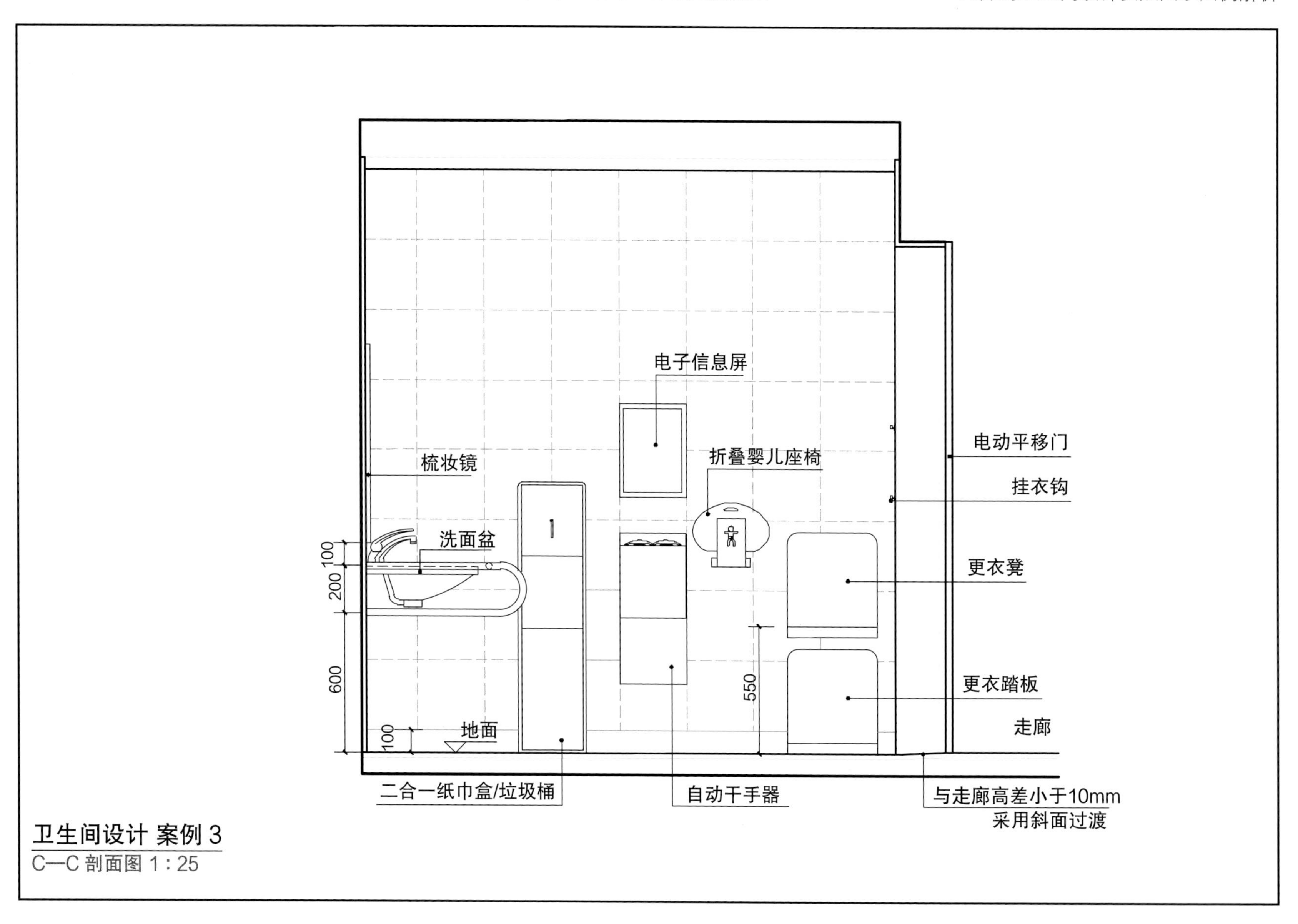
电子信息屏
折叠婴儿座椅
电动平移门
梳妆镜
挂衣钩
洗面盆
更衣凳
100
200
600
550
更衣踏板
走廊
100
地面
二合一纸巾盒/垃圾桶
自动干手器
与走廊高差小于10mm
采用斜面过渡

卫生间设计 案例 3

C—C 剖面图 1：25

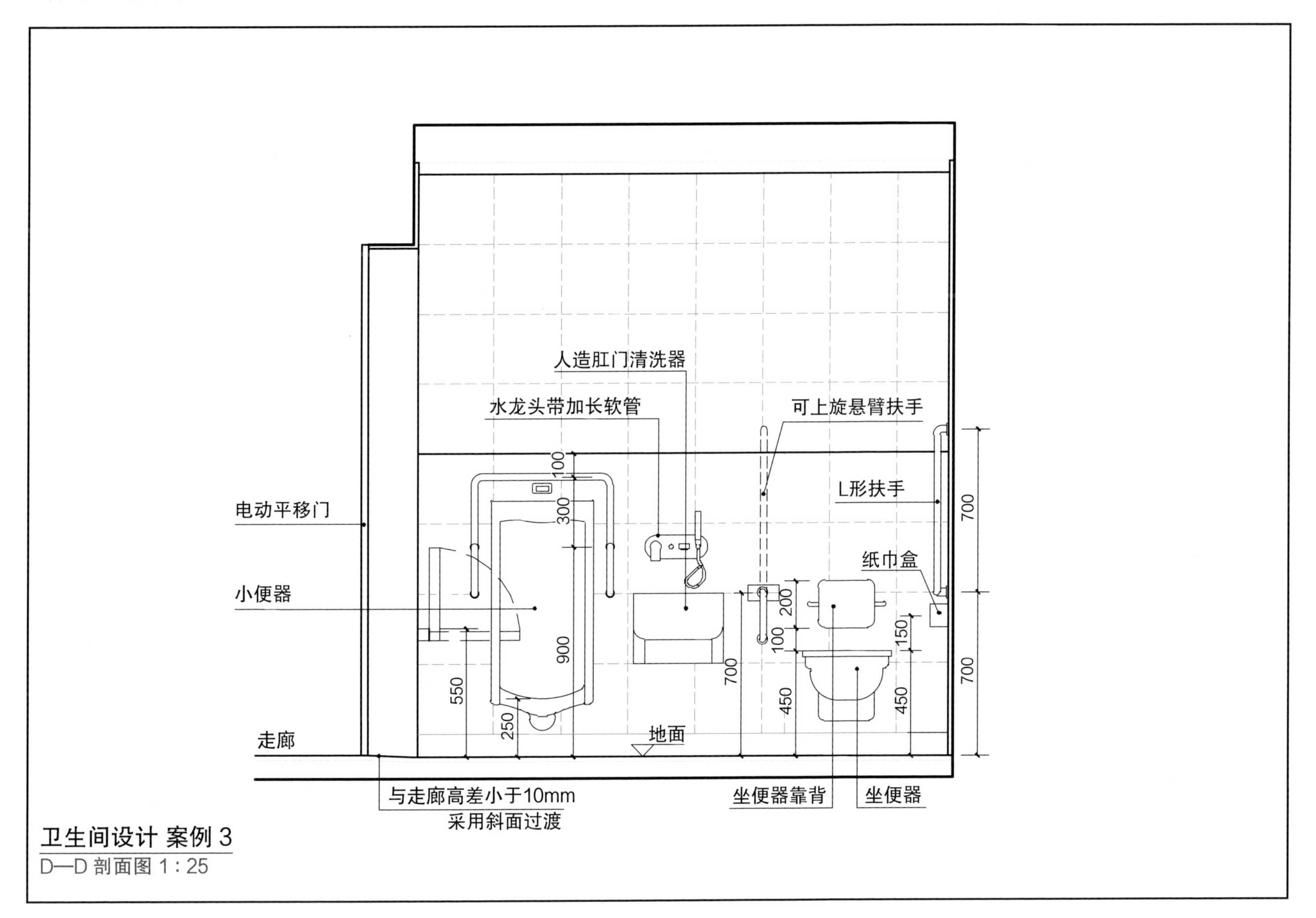
人造肛门清洗器
水龙头带加长软管
可上旋悬臂扶手
L形扶手
电动平移门
纸巾盒
小便器
走廊
地面
与走廊高差小于10mm
采用斜面过渡
坐便器靠背
坐便器
100
300
900
550
250
700
200
100
450
150
450
700
700

卫生间设计 案例 3

D—D 剖面图 1 : 25

第 6 章
无障碍卫生间
个性化定制

随着无障碍设计水平的提高，可以根据使用人群的实际需求进行特殊设计提升。本章针对洗面盆区域和坐便器区域进行了个性化定制设计，为特定使用人群提供更大的方便。

洗面盆扶手（优化版）

• 行规U形悬臂扶手下杆只起到结构固定和支撑作用，若将U形扶手进行变形并改变安装方向后，扶手的上下两侧均可抓扶，上杆变形后还可以供拉拽使用。

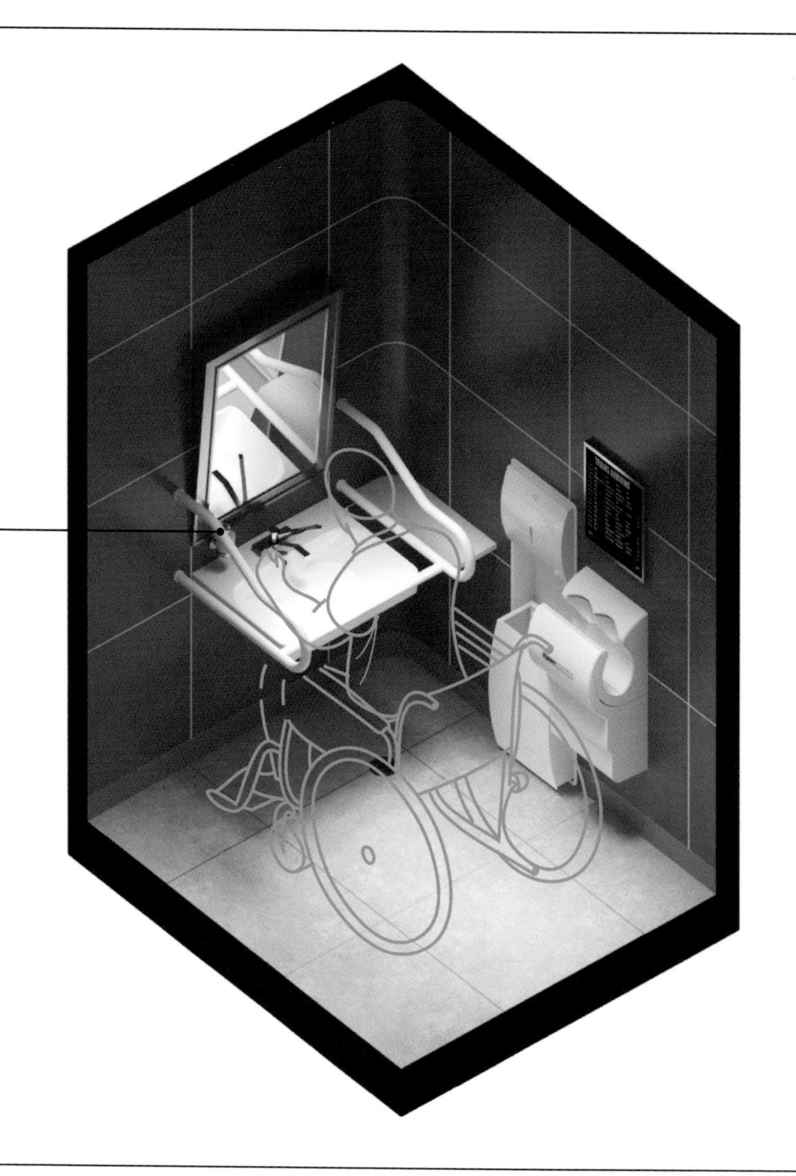

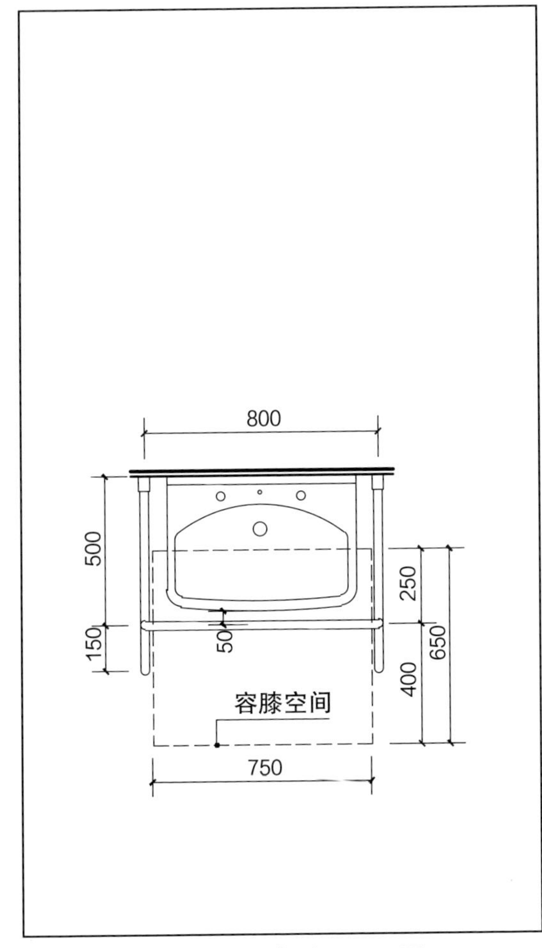
800
500
150
50
250
400
650
容膝空间
750

洗面盆区域（优化版）平面图

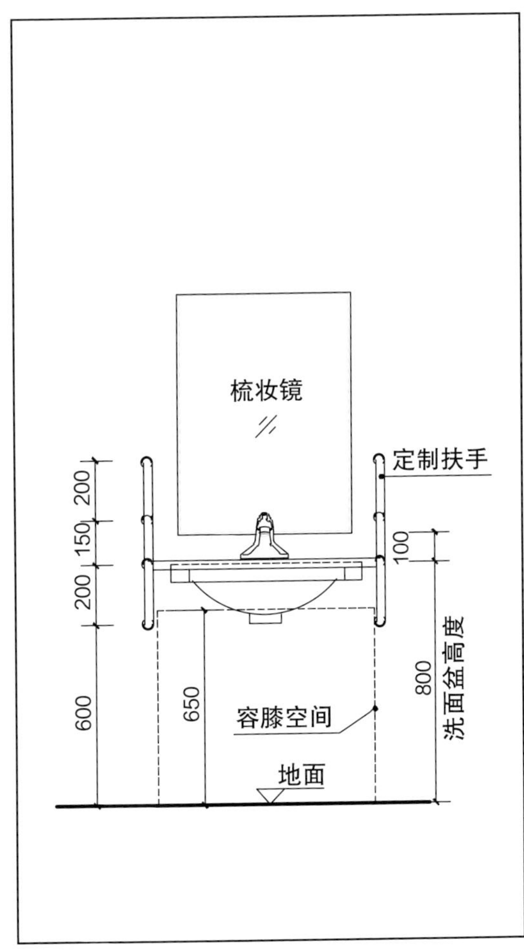
梳妆镜
定制扶手
200
150
200
600
650
100
800
洗面盆高度
容膝空间
地面

洗面盆区域（优化版）正立面图

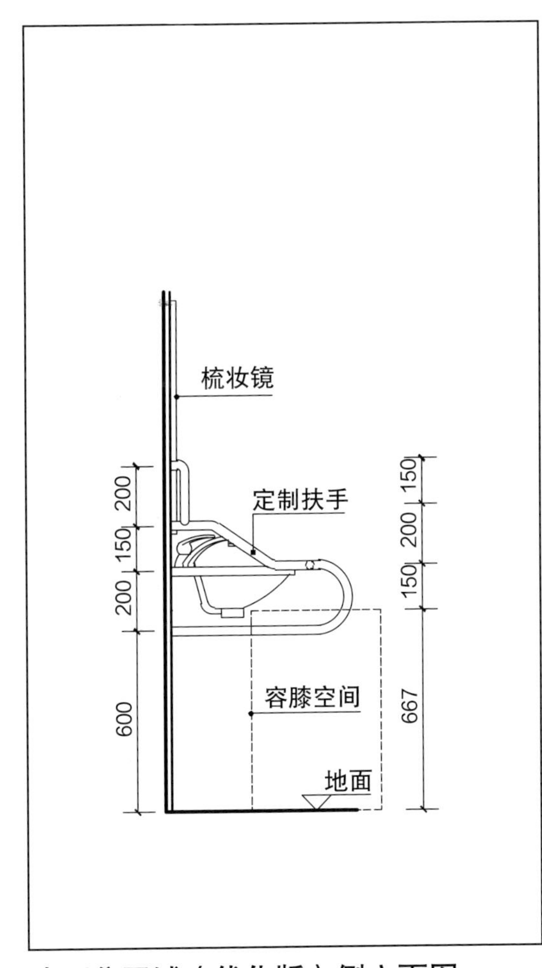
梳妆镜
定制扶手
200
150
200
600
150
200
150
667
容膝空间
地面

洗面盆区域（优化版）侧立面图

备注：

1. 图纸比例为 1：25；
2. 图中所示抓杆直径为 30mm。

腋下支撑助力器

• 为使用者提供腋下支撑，获得额外的着力点，在如厕时可更方便地独立穿脱裤子。

• 水平方向角度可调，无需使用时可向外旋转，不占用坐便器上方空间。

可上旋悬臂扶手（优化版）

• 在原有扶手一侧增加横杆，可以有效提高使用者可用的扶手面积，减少使用时因扶手打滑发生危险的可能。

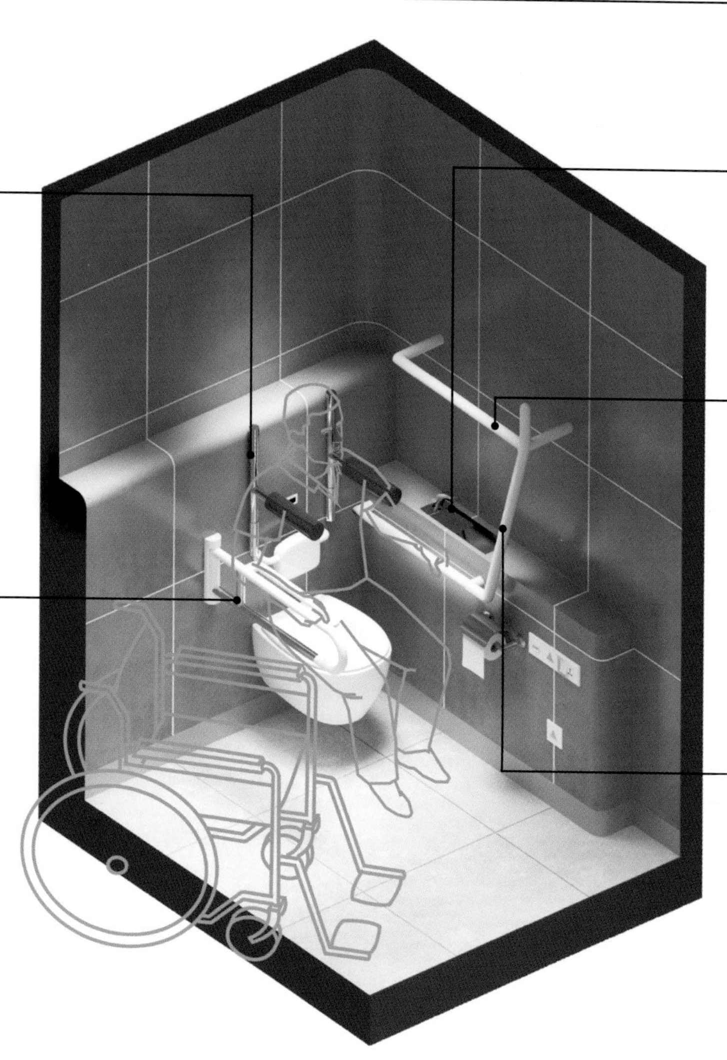

迷你洗手池带可抽出花洒

• 利用可抽出花洒，可以在不用起身的情况下进行简单的清洗工作。

U 形扶手（水平杆件）

• 坐便器靠墙一侧 U 形扶手上下两层水平杆件，更有利于使用者支撑和拉拽借力，以达到坐下和起身站立的目的。

U 形扶手（竖直杆件）

• 起到起身时拉拽借力的作用。

• 在上侧水平杆件上端出头，起到阻挡作用，避免使用者手滑摔倒。

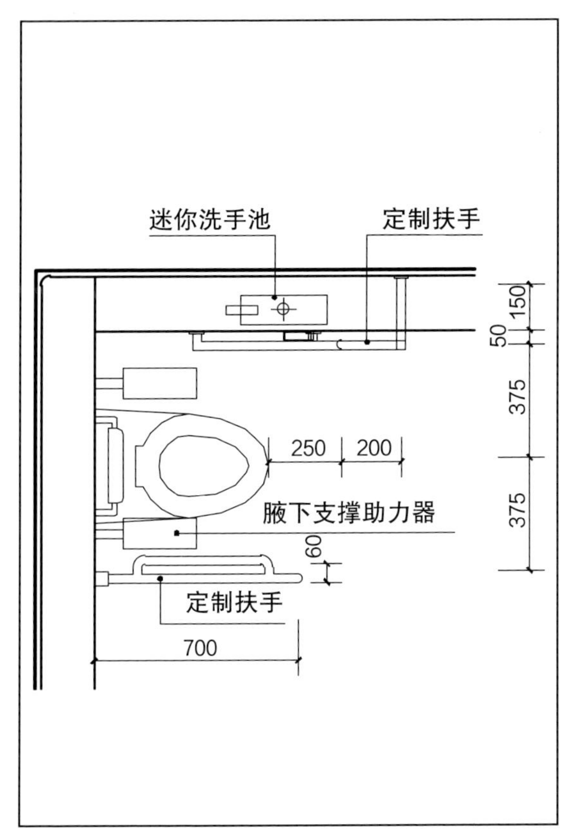
迷你洗手池
定制扶手
150
50
375
375
250
200
腋下支撑助力器
60
定制扶手
700

坐便器区域（优化版）平面图

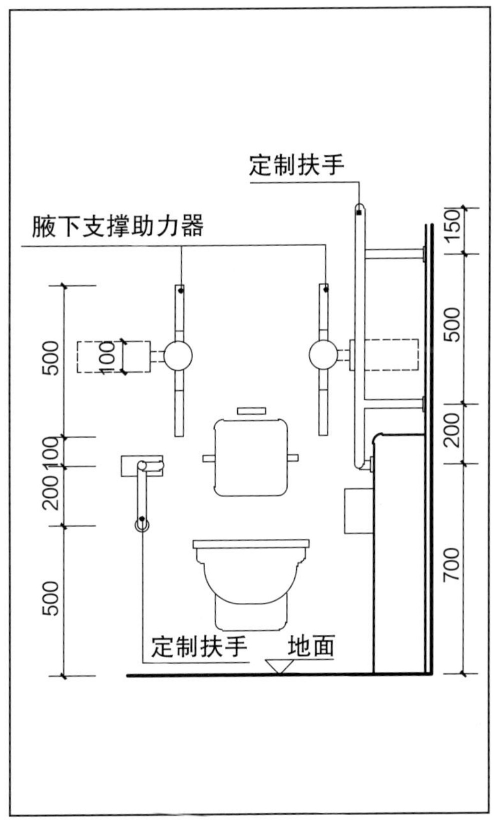
定制扶手
腋下支撑助力器
500
100
100
200
500
定制扶手
地面
150
500
200
700

坐便器区域（优化版）正立面图

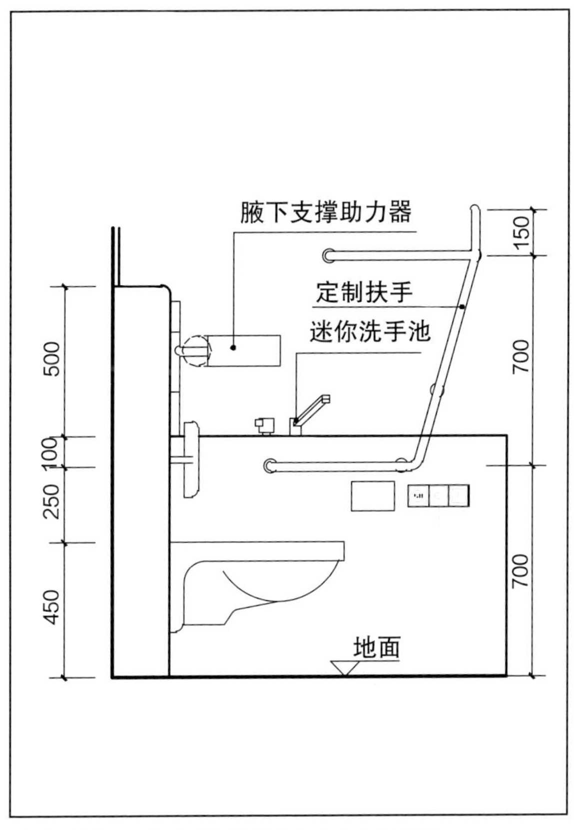
腋下支撑助力器
定制扶手
迷你洗手池
500
100
250
450
地面
150
700
700

坐便器区域（优化版）侧立面图

备注：

1. 图纸比例为 1 : 25；
2. 图中所示抓杆直径为 30mm。

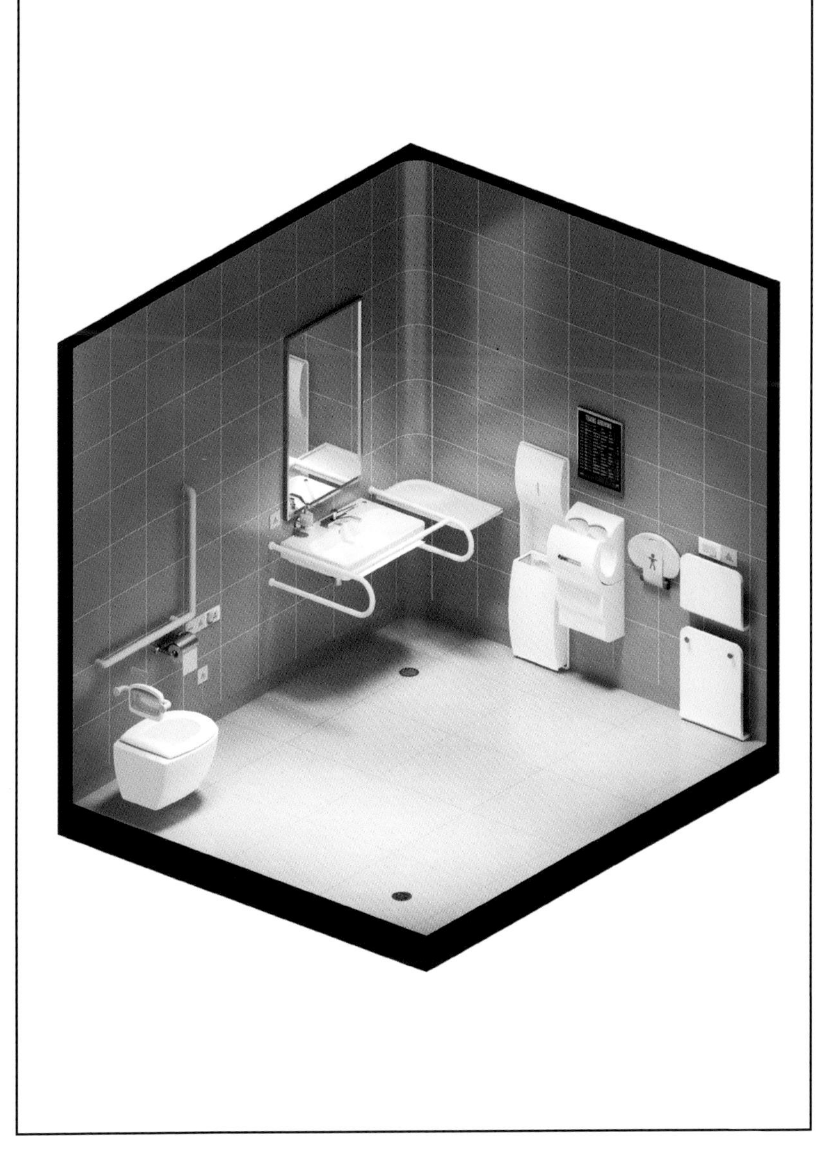